大话 Web开发

——基于知识管理角度

王小峰 ◎著

U0216371

厦门大学出版社 国家一级出版社
XIAMEN UNIVERSITY PRESS 全国百佳图书出版单位

图书在版编目(CIP)数据

大话 Web 开发:基于知识管理角度/王小峰著. —厦门:厦门大学出版社,2018.7
ISBN 978-7-5615-7007-4

Ⅰ. ①大… Ⅱ. ①王… Ⅲ. ①网页制作工具-高等学校-教材 Ⅳ. ①TP393.092.2

中国版本图书馆 CIP 数据核字(2018)第 130353 号

出 版 人	郑文礼
责任编辑	眭 蔚
封面设计	蒋卓群
技术编辑	许克华

出版发行	厦门大学出版社
社　　址	厦门市软件园二期望海路 39 号
邮政编码	361008
总 编 办	0592-2182177　0592-2181406(传真)
营销中心	0592-2184458　0592-2181365
网　　址	http://www.xmupress.com
邮　　箱	xmup@xmupress.com
印　　刷	厦门市金凯龙印刷有限公司

开本	787 mm×1 092 mm　1/16
印张	13
字数	316 千字
版次	2018 年 7 月第 1 版
印次	2018 年 7 月第 1 次印刷
定价	42.00 元

厦门大学出版社
微信二维码

厦门大学出版社
微博二维码

内容简介

　　本书在内容组织上强调先将前端 DHTML 中的 HTML(内容)、CSS(样式)、JavaScript(行为)进行分离,重点对体系庞杂的 HTML 和 JavaScript 进行"剥洋葱皮式"的分类与剖析;以"基于 DIV+CSS 的跨平台图文混排系统"点出 Web 前端设计的朴素哲学本质,将"动态生成并向前端分发 DHTML"提炼为 Web 服务器端编程的本质原理(以时下最流行、最简单易用的 PHP+MySQL 组合为例),帮助读者在彻底理清技术背后的本质原理后,以实际案例进行项目实践。

　　全书基于"以既有的经验与知识管理,梳理学习新知识的最高效途径"的中心思想,注重理论联系实际,使读者能充分理解和掌握 Web 应用的前后端原理与技术实现。

　　本书适合作为相关专业本科和研究生教材,高职高专学校也可以选用部分内容开展教学。本书也非常适合作为计算机专业/计算社会科学等领域科研人员的自学参考书。

前　言

随着 Ajax、HTML5 等 Rich Web 和 Web App 技术的出现，Web 和 Software 之间的界限日渐模糊，社会上对 Web 全栈工程师的需求也日益迫切。事实上，学习负担越来越重的程序员寄希望于有一天，以 Web 技术即可实现信息虚拟世界中的一切应用形态。在笔者看来，Web 技术的发展历程就是程序员世界的"重建巴别塔之路"。想想看，全世界越来越多的程序员用同一种编程语言，共同协作开发一个项目，是不是有点巴别塔故事里的感觉？

本书基于"以既有的经验与知识管理，梳理出学习新知识的最高效途径"的中心思想，注重理论联系实际，使读者能充分理解和掌握 Web 应用的前后端原理与技术实现。本书的主要特色在于如下三点创新：(1)提出基于知识管理拓展未来学习的教学范式；(2)探究技术背后隐藏着的哲学本质；(3)提出比较计算机程序设计语言与人类自然语言的语言之学。

本书的全部章节安排如下：

第 1 章首先从 Web 的本质入题，介绍网页和网站、静态网页和动态网页的基本概念，剖析 Web 的组成三元素和 HTTP 协议的工作原理；然后，通过梳理 Web 技术发展的六个阶段，让读者认识到 Web 技术作为互联网技术战争中的王者身份。

第 2 章以互联网生产环境中的 Web 架设为目的，讲述域名、空间等互联网资源的获取方法，实际架设 Web 网站 IDE 综合开发环境和服务器管理环境。

第 3、4 章本着"剥洋葱皮式"的宏观架构，将 HTML 整理为六类，让读者能达到"纲举目张"的学习效果，将网页设计提炼为"基于 DIV＋CSS 的跨平台图文混排系统"这种朴素至简的哲学概念。

第 5、6 章先提出"学习编程语言的三重门"，帮读者循序理清 JavaScript 能做什么、不能做什么，如何以英语语法类比学习 JavaScript 脚本语言。这些内容不仅有趣，也非常有应用和科研意义。

第 7、8 章以当前最流行的 Web 服务器端组合"PHP＋MySQL"为实验环境，以循循善诱的形式逐步引入 Web 服务器端开发的技术原理，并与前面的内容相结合，为实现第 9 章的综合案例奠定基础。

第 9 章引入一个案例来剖析 Web 前后端的综合开发，加深对全书内容的认识。

深圳大学传播学院网络与新媒体系王小峰老师(计算机博士、武汉大学政治与公共管理学院博士后)负责全书的规划与撰写。深圳大学传播学院 2016 级网络新媒体系(含数字传播精英班)的 24 位同学参与了初稿的编写及资料整理，这些同学的名单如下：

组长：陈泳仰、罗夏林、叶子源。

成员：保鑫烁、陈麾、陈嘉奕、陈可苗、黄宇豪、江晓晴、廖倩仪、罗智、林冰冰、潘丽娟、邱琪琪、任轩、谢瑜、熊梦钰、许丽珊、吴芷、周嘉雯、张琬悦、詹桁、张培清、张文杰。

　　向这些同学表示感谢与祝福！

　　由于时间仓促及作者水平有限，本书难免存在遗漏与错误，敬请读者批评与指正，我们将会在后续的工作中不断地调整与改进！

深圳大学　　王小峰

2018 年 4 月 19 日夜

于武汉珞珈山

目　录

第 1 章　Web 的本质、发展与未来

在日常生活中只要稍微观察,就会发现几乎所有知名的软件产品都有相对应的网页
(Web)发布版本,程序员也经常提起诸如"原生 App""Web App""混合 App"等字眼,更不必
说以 Web 为基础的万维网早已成为全球最大的互联网资源库。事实上,由于 Web 具有使
用简单、符合"云计算"架构(一处架设、处处访问)等优点,以 Web 为核心的 B/S 架构在 PC
端早已形成垄断之势(想想自己在电脑上,是不是越来越少安装软件,而大多数应用都在对
应的网站中完成);随着 HTML5、Ajax 等新技术的融入与功能增强,Web 和软件之间的界
限日益模糊,甚至有人预言网页最终会成为互联网应用的唯一形态。

1.1　Web 的本质

1.1.1　网页和 HTML 标记语言

网页,又叫 Web,其实就是一个后缀名为.html 的文本文件。HTML 文件采用超级文本
标记语言(HyperText Markup Language)书写而成,最终由客户端浏览器解释并呈现给
用户。

如图 1-1 所示,学习时作笔记的符号其实也是一种标记语言。

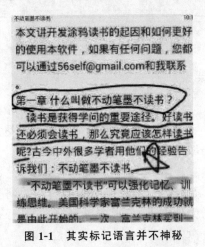

图 1-1　其实标记语言并不神秘

在 D:\Web 下创建一个简单的网页 test.html,该文件的内容和执行效果如下:
```
<html lang="en">
  <head>
    <meta charset="UTF-8">
    <title>《大话 Web 开发——基于知识管理角度》</title>
```

1

```
</head>
<body>
  <p style="font-size:36px;color:red">Hello World! </p>
</body>
</html>
```

可见,HTML 在语法上由一系列开始与封闭成对的标记组成,在逻辑上由标记、属性、文本三部分组成。例如,<p style="font-size:36px;color:red">Hello World! </p>,由标记<p></p>、属性 style="font-size:36px;color:red"、文本 Hello World! 三部分组成。

如图 1-2 所示,用鼠标双击该网页,即可在浏览器中查看网页。有关 HTML 标记语言的语法与应用我们将在第 3 章进行详细的介绍。

图 1-2 双击打开 test.html

1.1.2 网站和网站架设

我们编写网页的最终目的是通过架设网站,让其他人能够在世界的任何一个角落通过 Internet 访问网站上的网页。那么到底什么是网站? 架设网站需要什么资源? 如何架设一个网站(互联网生产环境或局域网实验环境)?

1. 什么是网站

正如一组逻辑相关的同学形成一个班级,一组逻辑相关网页的集合就是网站。可以编写一组网页,放在相应层次的文件夹下,就形成了自定义的网站,但是要让别人能够通过互联网访问,还需要一些基础资源。

2. 网站架设的基础资源

设想开设一家公司,我们需要租用场地,获得工商备案注册等软硬件基础资源;同理,架设网站也需要租用网络空间,注册和备案网站域名(网址)。提供这些互联网基础资源的机构称为 ISP(Internet Service Provider),国内著名的 ISP 有万网-阿里云(https://wanwang.aliyun.com/)、时代互联(http://www.now.cn/)、美橙互联(https://www.cndns.com/)等。

如图 1-3 所示,在阿里云官网中,我们可以租用互联网空间(虚拟主机、服务器),注册域名,请读者参考第 2 章 2.2 节并自行尝试(挑一个中意的域名,未来可以升值哦!)。

图 1-3　阿里云的官方主页

3. 实验 1_1:局域网环境下网站架设实验的软件环境搭建

考虑到从 ISP 获取互联网资源需要成本,全书基于 PHPnow(一种集成发布的 HTML/ PHP Web Servers,下载地址:http://servkit.org/files/PHPnow-1.5.6.zip),在局域网(或本机)中搭建免费、等效的实验环境。

首先,从网站上下载 PHPnow-1.5.6(地址如上所述),将其解压至 D:\Web\ PHPnow-1.5.6,双击 Setup.cmd,然后根据提示一步一步操作(建议选择安装 Apache2.0 和 MySQL5.0 版本,MySQL 密码自行设定),直到自动弹出如图 1-4 所示的页面,说明已经成功安装。

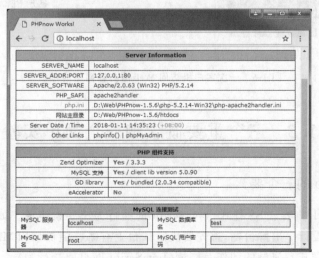

图 1-4　完成 PHPnow 的安装

在 D:\Web\PHPnow-1.5.6\htdocs 下创建 myproject 文件夹,并将 1.1.1 中的 test. html 放在 myproject 文件夹下,这样就成功创建并架设了我们的第一个网站。在本机或相同局域网里的任意一台计算机中,打开浏览器并输入如下网址:http://192.168.204.37/myproject/test.html,即可访问我们的网站,如图 1-5 所示。

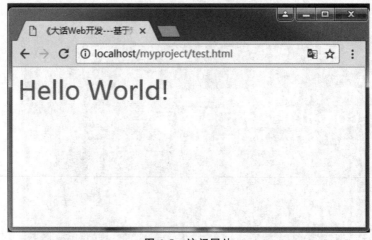

图 1-5　访问网站

4. 概念:客户机和 Web 服务器

在上面的实验中,访问网站的电脑称为客户机。安装 PHPnow 的电脑中不仅承载了网页,还要等待并响应来自客户机的访问(将网页传送给客户机),这台提供 Web 服务的电脑称为 Web 服务器。如图 1-6 所示,一个简单的网页访问过程由三部分组成:客户机输入网址索要网页(请求),服务器收到请求(解析)并返回网页(响应),客户机得到网页并呈现给用户查看(渲染)。

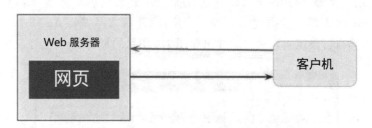

图 1-6　一次客户机访问 Web 服务器网站的过程

1.2　三个重要概念和一个简单实验

1.2.1　Web 的三个要素

Web 由 HTML 内容、CSS 样式、JavaScript 前端行为三要素组成。如图 1-7 所示,开发一个网页,就好比设计一出舞台剧,首先要决定舞台上有哪些演员(HTML 网页内容)、演员的扮相(CSS 网页样式)、演员的动作及剧情(JavaScript 网页前端行为)。

图 1-7　演员(HTML)、扮相(CSS)、动作(JavaScript)

1.2.2　HTTP 协议

如 1.1.1 节的第 4 个知识点所述,一次网页访问,其实是涉及了请求、响应、网页传输的过程,类似于运输工具的交通规则,网页传输也要遵守一定的规范,这就是 HTTP(HyperText Transfer Protocol),协议。如图 1-8 所示。

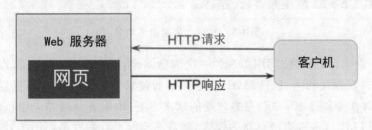

图 1-8　HTTP 协议:网页传输的交通规则

HTTP 协议定义了 Web 客户端如何向 Web 服务器请求 Web 页面,以及服务器如何把 Web 页面传送给客户端,是 Web 应用所使用的主要协议。HTTP 协议采用了请求/响应 (request/response)模型,是一个标准的客户端服务器模型(B/S)。请求/响应模型是一种通用的网络模型架构,支持 HTTP、FTP 等通用的网络协议。有关 HTTP 协议的构成与说明见表 1-1,具体过程剖析请参考 1.2.4 节的实验 1_2。

表 1-1　HTTP 请求和 HTTP 响应的组成与说明

HTTP 请求	说明	HTTP 响应	说明
请求行	网址、协议版本等信息	状态行	响应状态代码(通信状态)
请求头	告诉服务器有关客户机的相关信息,比如操作系统、浏览器型号等	响应头	服务器发送给客户机的内容的说明信息(编码格式、MIME 类型等)和服务器相关信息(Web Servers 型号等)
请求体	客户机向服务器发送的相关数据,如网页参数(url 名值对、json、xml)、表单数据、上传文件等	响应体	按照客户机的请求,服务器发送给客户机的实际内容(HTML 文档或其他文件或数据流)

5

1.2.3　理解:静态网页技术和动态网页技术

如图 1-9 所示,你一定听说过"静态网页"和"动态网页"等称谓,当前对于"静态"或"动态"一般指的是网页是否由服务器端程序生成,而并非指网页上是否有动态效果(如动画等)。那么,如何理解网页的动态生成呢?

图 1-9　当当上售卖的两本书

如图 1-10 所示,如果将访问网页视为一次购物体验,那么"所见即所得,没有加工"。服务器端中已经客观存在的网页(HTML)在客户端的请求之下直接送达浏览器的模式,就是静态网页/网站[类似图 1-10(a)];在客户端的请求之下,由服务器端的应用程序服务器解析而生成网页(HTML),再送达浏览器的模式,就是动态网页/网站[类似图 1-10(b)]。

(a)所见即所得,没有加工,没有仓储　　　　(b)(仓储取料)当场加工生成

图 1-10　水果摊和食堂小炒部

事实上,为了让初学者理解得更加清晰和全面,可将网页更进一步分为三种类型:客户端静态网页(只有 HTML 和 CSS)、客户端动态网页(即 DHTML,由 JavaScript 形成客户端动态行为)、服务器端动态网页(由服务器端程序动态生成网页)。

1.2.4　实验 1_2:Firebug 解析 Web 工作原理

1. 在 Firefox 中安装 Firebug 插件

Firebug 是 Firefox 下的一个扩展,具有调试包括 HTML、CSS、JavaScript 在内的网站语言的功能。如图 1-11 所示,在 Firefox 工具栏中点击"打开菜单"按钮,选择"附加组件",搜索并安装"Firebug"。安装完成后,点击工具栏中的小蜜蜂按钮,即可开启 Firebug 的工具界面。

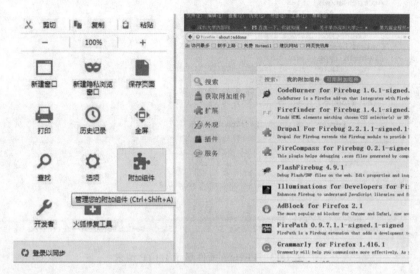

图 1-11　安装 Firebug 插件

2. 实验部分(以百度首页为例)

如图 1-12 所示,在 Firefox 浏览器中打开百度首页,开启 Firebug 并打开 Network 选项卡,再次刷新页面,观察显示内容,可以发现浏览器共向服务器发出了 12 个 HTTP 请求。这些请求包括百度首页本身、JavaScript、CSS、图片等资源文件,以及 XHR 请求等。

图 1-12　在浏览器中打开百度首页并启动 Firebug 插件

7

如图 1-13 所示,我们可以跟踪任何一个 HTTP 请求,并顺藤摸瓜地呈现和分析 HTTP 请求及 HTTP 响应的整个过程。

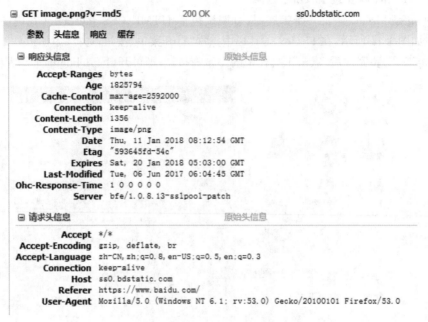

图 1-13　Firebug 插件显示 HTTP 请求

1.3　Web 技术的历史、发展与未来

1.3.1　Web 技术发展的六个阶段

网页自 Web 技术问世以来,其发展大致经历了以下几个阶段。
- 发布静态文本网页:网页只提供文本标记功能。
- 发布静态多媒体信息网页:网页提供多媒体标记功能。
- 提供浏览器端与用户的动态交互功能:提供 JavaScript 客户端编程与执行环境。
- 提供服务器端与用户的动态交互功能:提供 PHP/JSP/ASP.net 客户端编程与执行环境。
- 发布 Web 应用:提供了 Ajax、HTML5 等类似于 App 运作形态的 Web 应用。
- 发布 Web 服务:提供了以 json、xml 为传输实体的 SOAP/ Web Services 服务。

1.3.2　Web 的未来——互联网技术战争中的王者

笔者于 2013 年访问华为数据中心时看到了这样一句标语:"我们的夙愿是,让用户使用我们的计算、存储、交换产品仿佛水电一样方便",言简意赅地道出了云计算的真谛:"招之即来,挥之即去",而 Web 生而使然!如图 1-14。

图 1-14　云计算

　　如图 1-15 所示,当前业界开发的 App 有三种形态,而 App 的三分天下,Web 已居其二。请读者跟随我们沉思三分钟,感受一下 Web 的未来——互联网技术战争中的王者。

图 1-15　App 当前如日中天的三种形态

第 2 章　Web 开发环境的搭建与 ISP

"工欲善其事,必先利其器。"为了开发 Web 应用程序,必须配置三个方面的资源:(1)Web 开发环境的搭建与配置。包括 Web 服务器和数据库服务器的安装与配置,我们推荐 PHPnow、Xampp 等集成开发环境。(2)Web 综合开发工具。我们推荐使用 Adobe Dream-weaver CC 等集成开发环境。(3)互联网资源。我们推荐在万网-阿里云上注册与购买空间和域名。

2.1　开发环境的搭建

2.1.1　Dreamweaver CC 编辑器的安装与 PHPnow 的集成配置

Web HTML 可以用"记事本"直接编写,但是在代码量较大的情况下不仅效率低,而且易发生难以发现的错误,给调试和开发带来许多麻烦。为了便于编写,编写人员往往会利用高级编辑器或集成开发环境(integrated development environment,IDE)。IDE 综合集成了代码编辑器、编译器、调试器和图形用户界面等工具,可以大大提高设计和开发人员的工作效率。现在比较流行的 Web 开发工具有 notepad＋＋、editplus、sublime、Adobe Dreamweaver 等。当前最为推崇的是 Dreamweaver CC,这也是本节所基于的实验环境。当然,要架设一个网站,仅仅有前端的 HTML、CSS、JavaScript 还是不够的,还需要服务器端的 PHP、MySQL 等服务器端技术。为了一次性搭建支撑本书全部内容的运行环境,至少还需要安装 Web 服务器(接收 HTTP 请求与分发 HTML 网页)、应用程序服务器(解释和生成 HTML 页面)和数据库服务器(存储数据)。为了简化安装和配置过程,我们将使用集成安装软件包 PHPnow(与 Xampp、WampServer、AppServ 等类似)来搭建起一个真实完整的、可应用于实际工作与生产环境的 Web 服务器。

1. Web 服务器集成套件 PHPnow 的安装与配置

首先,我们需要安装 PHPnow,推荐使用 1.5.6 版(对 dedecms、wordpress、ecshop 等建站系统的兼容性最高)。在网上很容易找到相应的安装包,将它解压到一个特定的路径下(切记,该路径中不能有中文)。如图 2-1 所示,在"我的电脑"的 D 盘下面新建一个"MyWeb"文件夹,然后把 PHPnow 安装包解压到这个文件夹中。然后,双击"Setup.cmd"即可进入 PHPnow 的安装界面。

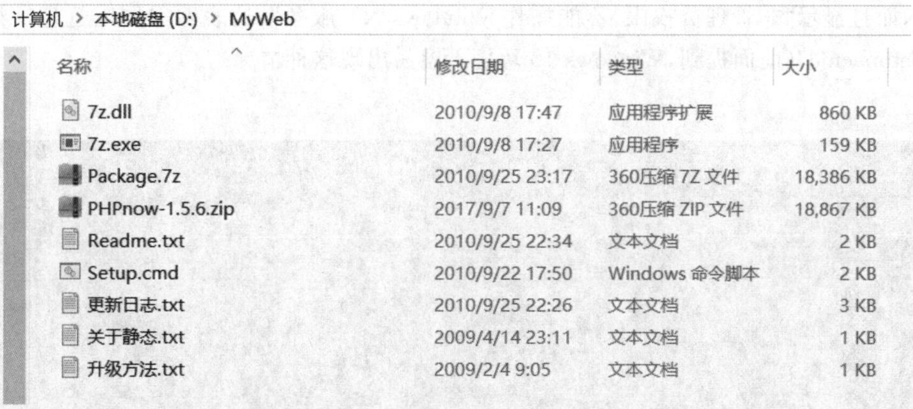
计算机 > 本地磁盘 (D:) > MyWeb
名称　修改日期　类型　大小
7z.dll　2010/9/8 17:47　应用程序扩展　860 KB
7z.exe　2010/9/8 17:27　应用程序　159 KB
Package.7z　2010/9/25 23:17　360压缩 7Z 文件　18,386 KB
PHPnow-1.5.6.zip　2017/9/7 11:09　360压缩 ZIP 文件　18,867 KB
Readme.txt　2010/9/25 22:34　文本文档　2 KB
Setup.cmd　2010/9/22 17:50　Windows 命令脚本　2 KB
更新日志.txt　2010/9/25 22:26　文本文档　3 KB
关于静态.txt　2009/4/14 23:11　文本文档　1 KB
升级方法.txt　2009/2/4 9:05　文本文档　1 KB

图 2-1　**PHPnow 的安装包**

在 Windows 7 系统中我们可以直接鼠标双击启动“Setup. cmd”进行 PHPnow 的安装，但在 Windows 10 系统中我们需要以管理员权限来启动“Setup. cmd”方可进行 PHPnow 的安装。

图 2-2 和图 2-3 所示是 PHPnow-1. 5. 6 版的安装过程，分别选择 20 和 50（选择推荐高兼容版本，每次选择完之后要按回车键确认）。

PHPnow - 组件版本选择
选择 Apache 版本
20 - Apache 2.0.63 (推荐)
22 - Apache 2.2.16
-> 请选择:

图 2-2　**PHPnow 的安装过程(1)**

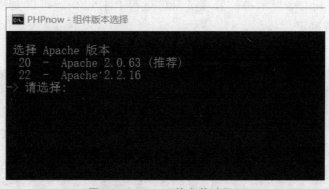

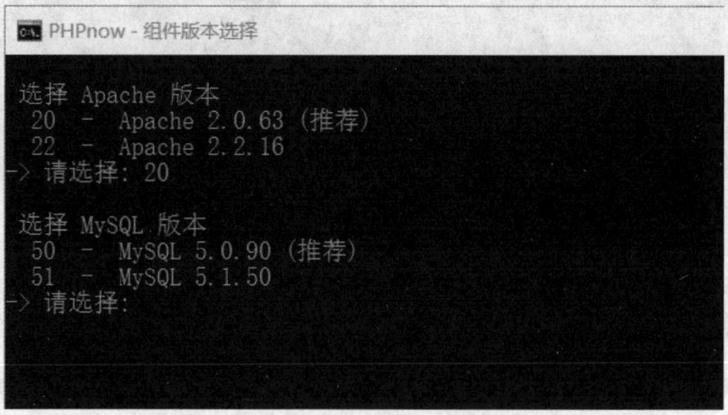
PHPnow - 组件版本选择
选择 Apache 版本
20 - Apache 2.0.63 (推荐)
22 - Apache 2.2.16
-> 请选择: 20
选择 MySQL 版本
50 - MySQL 5.0.90 (推荐)
51 - MySQL 5.1.50
-> 请选择:

图 2-3　**PHPnow 的安装过程(2)**

　　如图 2-4 所示，选择"y"然后按回车键确认即可。可能会出现安装失败的情况，如果不能安装成功，而且显示"非管理员权限，不能操作 Windows NT 服务"，这表明需要以管理员权限来启动"Setup. cmd"（前面提到，Windows 10 环境下容易出现这种情况）。

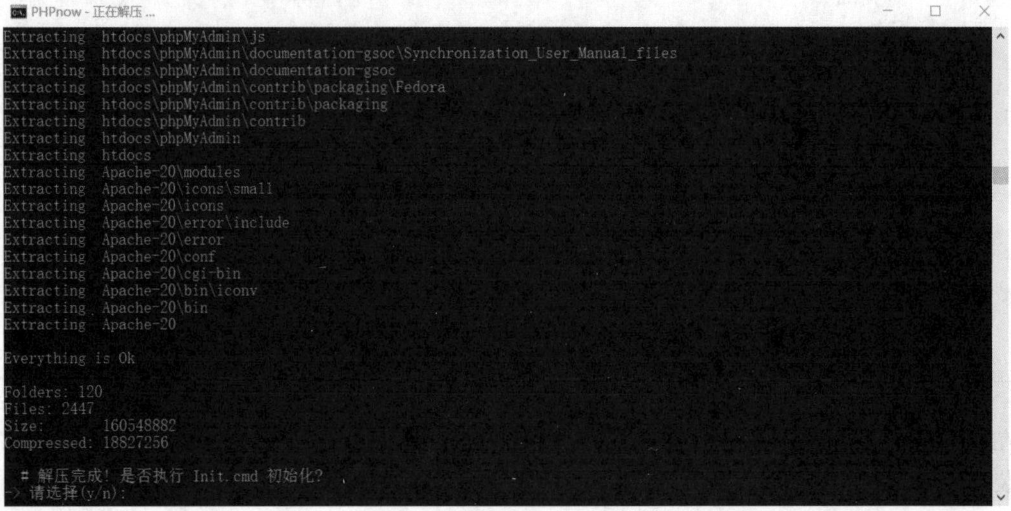

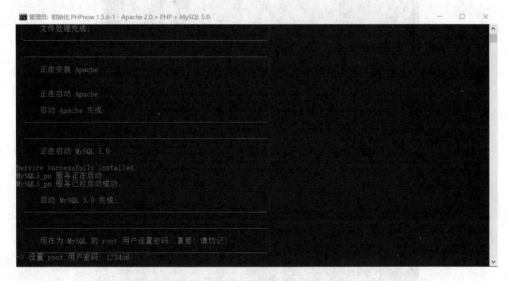

图 2-4　PHPnow 的运行

　　如图 2-5 所示，用命令提示符的管理员身份运行 PHPnow 就可以安装，然后设置 root 的密码，并按回车键确定。

图 2-5　用管理员身份运行 PHPnow

　　如图 2-6 所示，安装完成后，浏览器会弹出一个页面，在"MySQL"中填上之前设置的 root 密码"123456"，然后点击"连接"，如果看到"OK"出现，表明已经成功安装所有的 Web 服务器环境（包括 Web 服务器、PHP 应用程序服务器、MySQL 数据库服务器），可以顺利进入下面的操作和学习了。

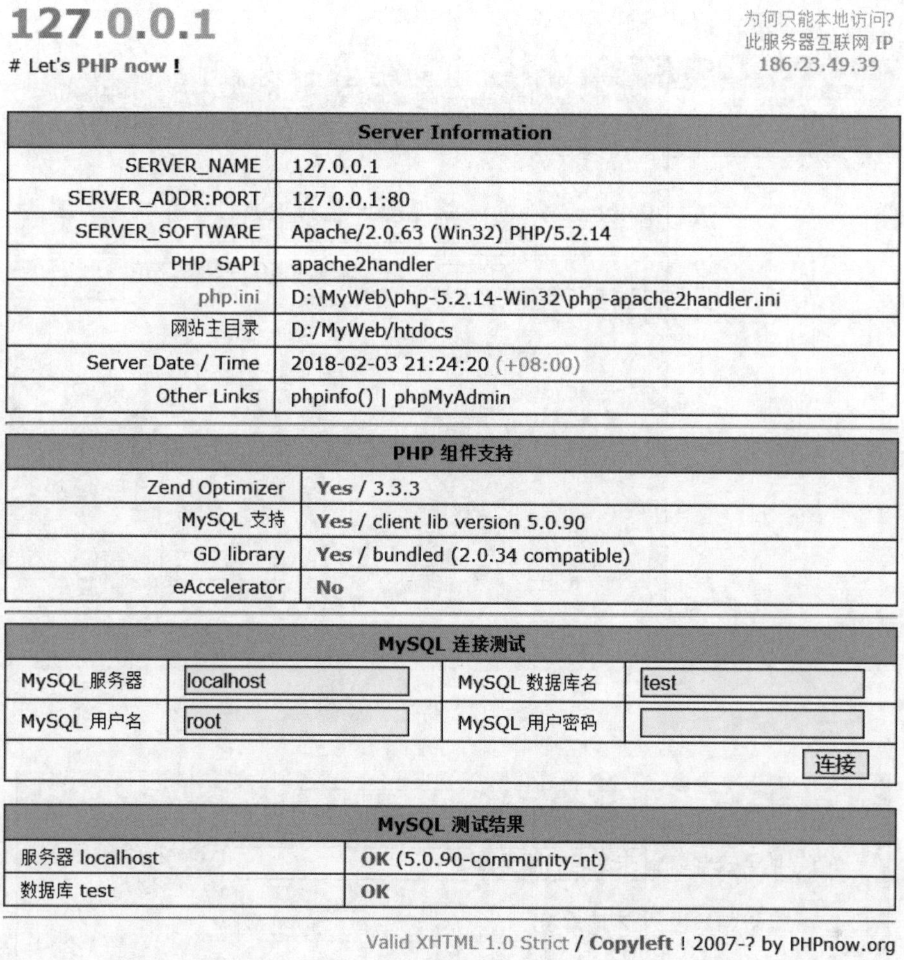

127.0.0.1

\# Let's PHP now！

为何只能本地访问?
此服务器互联网 IP
186.23.49.39

Server Information	
SERVER_NAME	127.0.0.1
SERVER_ADDR:PORT	127.0.0.1:80
SERVER_SOFTWARE	Apache/2.0.63 (Win32) PHP/5.2.14
PHP_SAPI	apache2handler
php.ini	D:\MyWeb\php-5.2.14-Win32\php-apache2handler.ini
网站主目录	D:/MyWeb/htdocs
Server Date / Time	2018-02-03 21:24:20 (+08:00)
Other Links	phpinfo() | phpMyAdmin

PHP 组件支持	
Zend Optimizer	**Yes** / 3.3.3
MySQL 支持	**Yes** / client lib version 5.0.90
GD library	**Yes** / bundled (2.0.34 compatible)
eAccelerator	**No**

MySQL 连接测试			
MySQL 服务器	localhost	MySQL 数据库名	test
MySQL 用户名	root	MySQL 用户密码	

连接

MySQL 测试结果	
服务器 localhost	**OK** (5.0.90-community-nt)
数据库 test	**OK**

Valid XHTML 1.0 Strict / **Copyleft** ! 2007-? by PHPnow.org

图 2-6　浏览器页面

2. 在 Dreamweaver 中建立站点并与服务器环境集成

首先,下载与安装 Dreamweaver CC,然后在 Dreamweaver CC 中关联 PNPnow 服务器环境,并在此基础上建立一个站点。

我们首先进入 PHPnow 的安装路径下的文件夹"htdocs",然后创建一个子文件夹"test",用以存放我们将要创建的网页。也就是说,我们放置网页的完整路径是"D：\MyWeb\htdocs\test"。

在 Dreamweaver CC 菜单栏的"站点"中找到"新建站点",得到如图 2-7 所示的窗口,输入站点名称并填写实际存储路径,点击"服务器"选项卡,然后点击"+"按钮,将显示如图 2-8 所示的界面,表示将关联一个服务器环境。在"连接方法"中选择"本地/网络",站点路径保持不变,在 Web URL 中填写对应的访问网址 http://localhost/test/,并点击"保存"按钮。然后在如图 2-9 所示的界面中去掉"远程"选项并勾选"测试"选项,最后按下"保存"按钮。这样就完成了建立站点、关联服务器等所有的关键性配置。

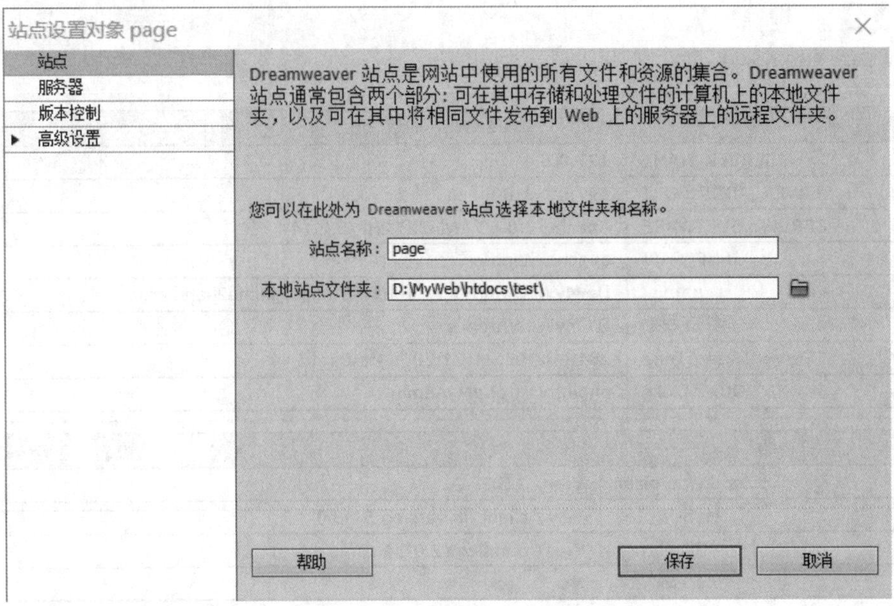

图 2-7　建立站点的操作(1)

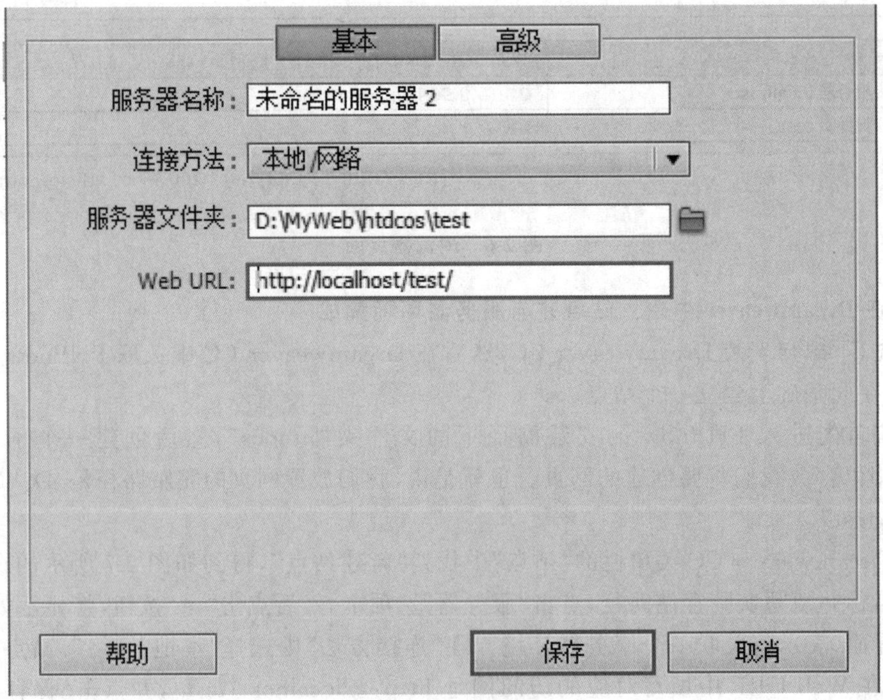

图 2-8　建立站点的操作(2)

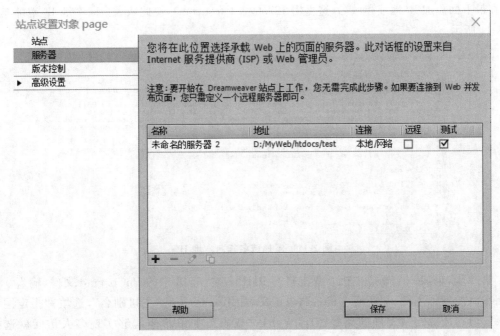

图 2-9　建立站点的操作(3)

我们可以实际制作一个简单的网页放在"D:\MyWeb\htdocs\test"下,来测试一下在 PHPnow 环境下搭建的站点。如图 2-10 所示,输入"localhost/test(子文件夹名称)/page.html(网页文件名称)",如果能正常访问,那就说明已经成功地通过 Dreamweaver CC 在 PHPnow 的环境下搭建了一个站点。接下来,我们就可以继续进行更深入的学习了。

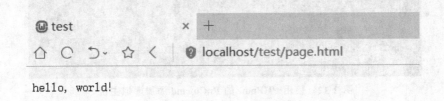

hello, world!

图 2-10　用"localhost"进行网页访问

2.1.2　实验 2_1:本地域名的模拟

在第 1 章时,我们知道一个简单的网页访问过程由三部分组成:客户机输入网址索要网页(请求),服务器收到请求(解析)并返回网页(响应),客户机得到网页并呈现给用户查看(渲染)。如添加域名使其指向本地 IP,然后通过 PHPnow 添加虚拟主机使域名指向的网站目录为本地网页的文件路径,就能实现在本地或局域网通过访问所设置的域名打开放在本地服务器的网页。

第一步,添加域名指向本地的服务器所对应的 IP 地址(127.0.0.1)。具体方法是在"C:\Windows\System32\drivers\etc"的路径下找到 hosts 文件,单击鼠标右键,打开方式选择记事本,在最下面添加 IP 地址和域名(这里用 127.0.0.1 test.com),使此域名指向本地 IP 地址。如图 2-11 所示。

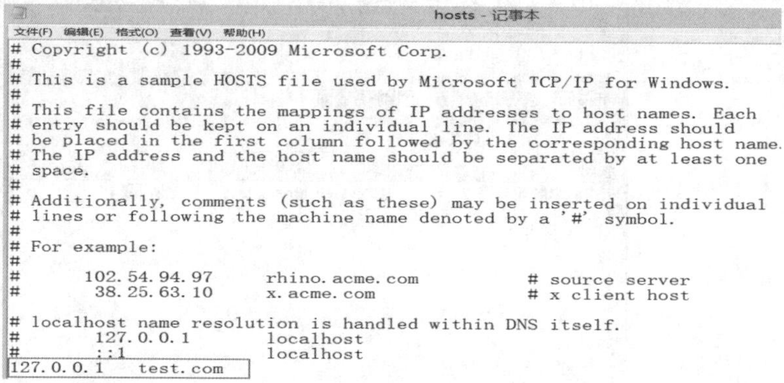

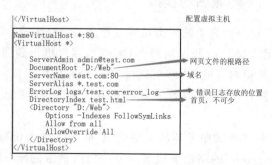

图 2-11　添加域名指向本地 IP

第二步,添加一个虚拟主机。双击打开 PHPnow-1.5.6 中的 PnCp.cmd 文件,输入 0 并按回车添加虚拟主机。"新增主机名",自定义,如用 test.com;"主机别名",选填;"指定网站目录",填写放置网站文件的路径(D:\Web);"权限",如果希望能够实现多人访问就选择"y",否则选"n"。如图 2-12 所示。

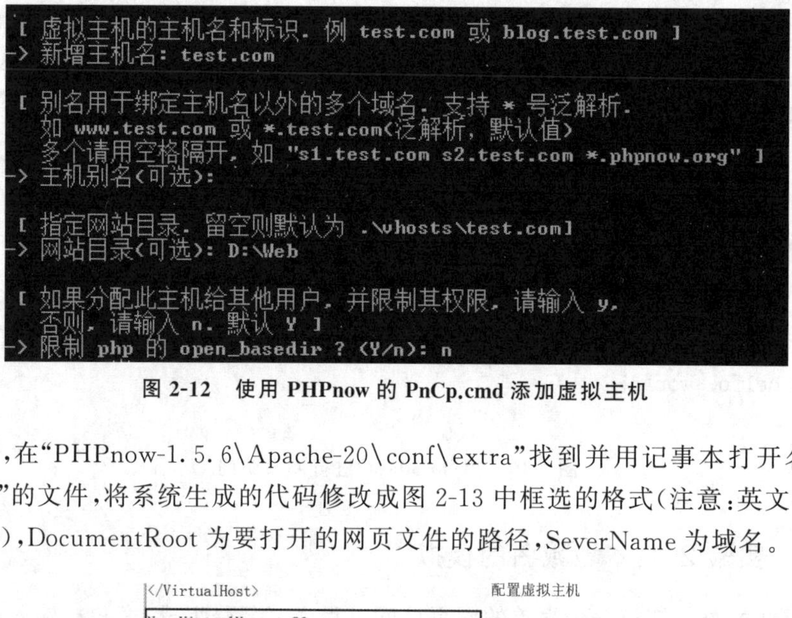

图 2-12　使用 PHPnow 的 PnCp.cmd 添加虚拟主机

第三步,在"PHPnow-1.5.6\Apache-20\conf\extra"找到并用记事本打开名为"httpd-vhosts.conf"的文件,将系统生成的代码修改成图 2-13 中框选的格式(注意:英文字符依照图中语句顺序),DocumentRoot 为要打开的网页文件的路径,SeverName 为域名。

图 2-13　添加域名与路径指向本地网页

16

第四步，重启 Apache 使修改生效。鼠标右键点击"我的电脑"，点击"管理"，再点"服务与应用程序"，双击"服务"，找到 Apache_pn，点右键，选"重新启动"。如图 2-14 所示。

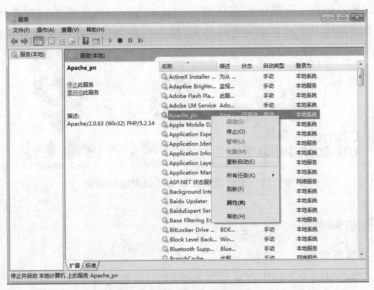

图 2-14　重启 Apache

最后验证，在浏览器地址栏输入 test.com，回车，出现如图 2-15 所示界面则实验成功。

图 2-15　域名打开本地网页测试

2.2　互联网资源和 ISP

我们到中心书城去买书，不仅要规划好想要买的书，进书店后通常要先找到该书，才能进行购买，因此书城里会有几台机器供顾客查询。当输入书名或者作者名时，会反馈图书的相关信息，除了有存货数量，最为关键的就是与图书 ISBN（国际标准书号）——对应的位置定位信息，如"ISBN，区域—书架—层"。

其实以上的图书定位过程和我们访问网页时的过程是类似的。网页所存放的服务器的 IP 地址就如同图书的 ISBN，它并不好记忆，但与 IP 地址——对应的网址（即域名，也叫作 URL，即统一资源描述符）就非常方便记忆和访问。例如，域名 www.sina.com.cn 对应 IP 地址 112.90.6.238。当我们通过域名访问网站时，浏览器会向 DNS（域名服务器）发送请求，DNS 查询数据库后将与域名——对应的 IP 地址返还，以提供真正的定位与访问，只不过这一切对于普通用户来说是透明的。

从这里往大了看，互联网是什么？书城里用一定的规律让里面存放的图书之间有了联系，这种联系可以形成更为复杂的网状结构，虽然我们不能用眼睛直观地看这张网，但是它的确是客观存在的。类似地，WWW 互联网就是许多 Web 服务器相互连接并提供 Web 资源的网络系统,只不过其互连的范围和复杂度要远大于书城。

显然,在 2.1 节我们架设的站点在本机,也就是说不能从国际互联网上访问我们的站点,因此最为关心的是如何将站点架设在互联网上。如同进入书城需要书城对外开放,然后我们通过各种交通方式到达书城。互联网也是如此,提供各种到达互联网交通方式的机构就是互联网服务提供商,即 ISP(Internet service provider)。图 2-16 所示是国内三大 ISP。

图 2-16 国内三大互联网基础资源运营商

2.2.1 互联网空间

1. 什么是互联网空间

书城这个实体的空间主要用来存放要售卖的图书,除此之外还必须有放书的架子,需要必要的工作人员来维护书城的正常运行,方便人们寻找搜索,让人们行走,预留给后续图书摆放的空间。对应到互联网里,书城实体的空间就是互联网空间,图书就是我们平时接触最多的网站,架子与工作人员就是基础设施,必要的索引就形成 IP 地址,这些都属于互联网资源。只不过相对于书城里的实体,互联网资源都是以数字化信息存储的;稍微有点不同的是,书城里书的书名与作者名并不归书城管理,而域名的命名规则要受到互联网管理机构的约束。另外,书城预留的空间通常不对外售卖或者租赁,而部分互联网的空间资源则可以对外开放。如图 2-17 所示。

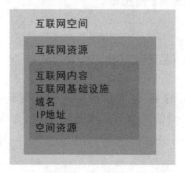 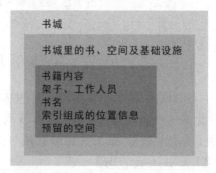

图 2-17 互联网空间与书城

2. 如何获取互联网空间

通过 ISP 可以获取的互联空间主要有"应用服务器"和"虚拟主机"两类。这里做一个简单的比喻说明:ISP 租用了一块地建立许多厂房(每个厂房里又可以有许多车间),然后就可以对外开放出售或租赁厂房/车间;顾客可以购买或租用厂房(类似于所谓的"应用服务器")/车间(类似于所谓的"虚拟主机")来放自己的东西(例如 Web 站点),用户可以自己看管场地,也可以委托 ISP 专人看管(托管)。

2.2.2　域名与备案

1. 什么是域名

我们前面说了,IP 地址是难以记忆的,比如 IP 地址又分为 IPv4 和 IPv6("80 后"读者一定听说过"千年虫问题",IPv6 的出现和它有着异曲同工之妙),但对于普通用户来说,只需要关注域名。我们只需要记住,"域名是 IP 地址的另外一种形式,域名和 IP 地址两者一一对应"就足够了。

域名从右向左通常又可分为顶级域、二级域、三级和三级以下域,如 www.sina.com.cn 从右向左分为:.cn(顶级)、.com(二级)、.sina(三级)、www(四级)。顶级域为最高的一级,可分为三类:一是国家顶级域,以国家名称的英文缩写组成(如.cn 代表中国,.jp 代表日本);二是国际顶级域(如.int,主要用于国际组织的域名);三是通用顶级域(如.com 代表公司企业等,.edu 代表教育机构,.gov 代表政府机构等)。二级域如.com.cn、.edu.cn、.bj.cn(代表北京市)等。三级与三级以下域则是由用户自己注册的(例如 sina 和 www.sina 等)。如图 2-18 所示。

顶级域

域名格式	代表	域名格式	代表
一、国家顶级域		三、通用顶级域	
.cn	中国	.com	公司、企业等
.uk	英国	.net	网络服务机构
.jp	日本	.org	非盈利组织
		.edu	教育机构
二、国际顶级域		.gov	政府机构
.int	国际组织	.mil	军事机构

二级域

域名格式	代表
.com.cn	我国的公司、企业等
.net.cn	我国的网络服务机构
.org.cn	我国的非盈利组织
.bj.cn	北京市
.jl.cn	吉林省
.sd.cn	山东省

图 2-18　列一些域名格式

2. 如何获得域名

这里给大家推荐一个方法,直接打开万网-阿里云(https://wanwang.aliyun.com/),如图 2-19 所示,从顶部菜单栏选择产品,找到域名与网站(图 2-20),选择域名注册。

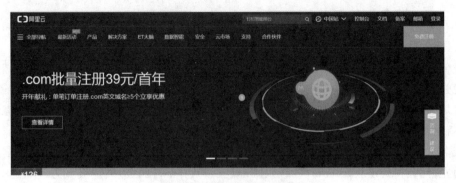

图 2-19　万网-阿里云首页

图 2-20　域名与网站

注册域名之前需要先查询域名是否已经被注册了,如图 2-21 所示,可以在输入框里搜寻你喜欢的域名,比如我们搜索 xinhua。

图 2-21　万网—阿里云查询域名

如图 2-22 所示,我们可以看到 3 个搜索结果,第一个已注册,可以点击右边的"Whois 信息"查看购买者信息(购买者也可以选择隐藏)。第二个是正在一口价售卖中的,购买方式也十分简单,和平时网购区别不大。第三个则是还未注册的域名,点击右侧的"加入清单"按钮。

图 2-22　xinhua 的搜索结果

如图 2-23 所示,考虑是否要购买之后可以在右边的域名清单处选择立即结算,跳转到下一个页面,认真仔细地阅读所有文字,再三考虑。毕竟如果是拿来投资的域名,在此之后它能否升值、能升多少都是无法预测的，而且域名不是实体商品，没有实体到手的感觉。最后点击"立即结算"按钮，支付费用，这个域名在你所购买的时限之内就是你的了。

图 2-23　域名清单

你可以选择留着，等合适的机会卖出去，也可以在这个域名之上建立自己的网站。如果要将网站发布到互联网上，让网友可以通过在浏览器地址栏输入域名访问到你的网站，就需要为网站备案。

3. 为什么网站需要备案

我们从 ISP 获得了空间和域名资源后，还需要进行备案并获得 ICP（Internet content provider）证。根据国家《互联网信息服务管理办法》，如果网站托管在中国大陆，在没有完成备案之前，不能指向中国大陆境内服务器开通访问。ICP 证是网站经营的许可证，《互联网信息服务管理办法》规定，经营性网站必须办理 ICP 证，否则就属于非法经营；对于在境外购买了域名和空间（尤指空间）的网站，虽然不强制备案，但会对功能进行限制（如在香港或境外租用网络空间，就不必进行备案，但也就不能使用微信公众平台、支付宝、物流等第三方程序接口）。

其实在这一方面网站和图书是一样的：

● 网站内容由 ICP 进行审核与备案，获得 ICP 许可后才能正常使用支付等关键功能接口；如果网站空间托管在境外且不在乎这些功能限制，则网站也可以不进行备案。

● 图书内容要供人公开阅读，就必须在出版前交由出版机构进行审核，审核通过后才能获得专属的 ISBN（国际标准书号）并公开发行；如果不是公开发售的图书，则可以不必审核。

如图 2-19，点击右上角的"备案"，进入阿里云备案，页面中有详细的备案流程与视频演示。需要注意的是，不同地区的规则可能不一样。

2.3　实验 2_2：在本地架设自己的第一个网站"简易登录系统"

2.3.1　实验思路

在做实验前，我们需要清楚地知道如何去达到我们的实验目的，以及为此我们应该怎样去做。

● 首先我们需要搭建一个 Web 服务器，并配置好虚拟主机，创建一个可以存储用户名与密码的数据库。

● 创建用户注册与登录的客户端 HTML 网页。客户端 HTML 网页是一个让用户输入信息、数据的界面。

21

● 创建服务器端 PHP 程序,用以接收和处理来自客户端 HTML 网页传送来的用户数据,完成与数据库服务器的访问交互,生成新的客户端 HTML 网页并进行页面跳转(或向客户端网页发送数据并进行主动更新,由于涉及 Ajax 内容,在后面的章节另行详述)。

● 上面的步骤完成之后,可以用 CSS 对客户端 HTML 网页进行美化,用 JavaScript 对客户端 HTML 网页添加客户端动态效果。这样你就拥有一个完全自定义的、能完成简单注册与登录功能的网站系统了。

2.3.2 搭建网页构架环境

首先在本地电脑安装 PHPnow 软件,参照图 2-24 所示的解压方式。

(此处主要以 Windows 系统进行讲解,IOS、Linux 等操作系统应变更相应软件。)

PHPnow 是 Windows 系统下一个绿色免费的网站架构软件,提供简易安装、快速搭建支持虚拟主机的 PHP 环境。如图 2-24 所示,在文件夹中选择"PHPnow"软件安装压缩包单击右键,选择"解压到 PHPnow-1.5.6"的本地文件夹。解压后点击"Setup.cmd"执行初始化,如图 2-25 所示。

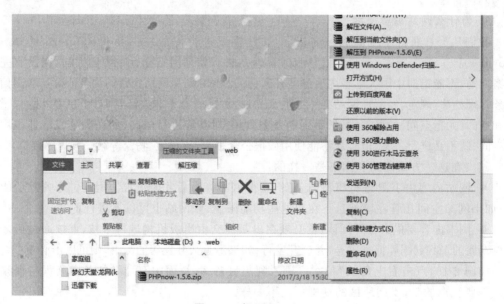

图 2-24 解压 PHPnow

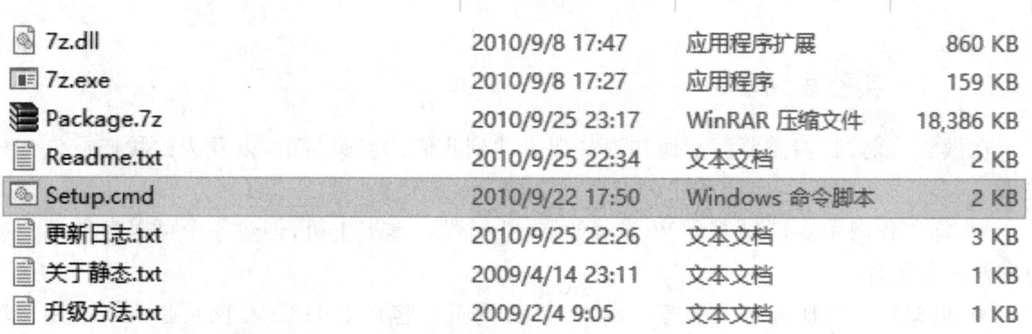

图 2-25 安装 PHPnow

如图 2-26 所示，设置用户名与密码(需谨记)。

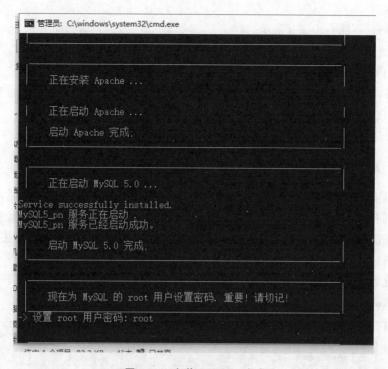

图 2-26　安装 PHPnow 完成

安装完毕后，打开网页浏览器，并在地址栏输入"localhost"或本机 IP 地址或"127.0.0.1"三者之一，即可检验虚拟主机环境是否搭建成功。如跳出如图 2-27 所示的界面，则说明 PHP Web 服务器环境虚拟主机搭建成功。

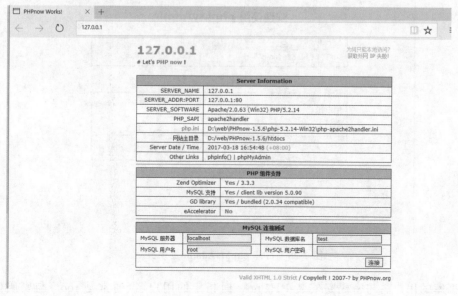

图 2-27　localhost 主页

关于以上安装过程，我们总结出了五个最容易出现的错误与问题，读者在实践过程中一定要引起注意：

- 安装路径不能有中文字符。
- 如所使用系统为 Win 10，需要在命令提示符（管理员）中修改权限。
- 80 端口冲突问题。
- 安装新 PHPnow 软件之前已经有其他安装过程失败未清理干净而残留的文件数据。
- 解压时未解压到当前文件夹造成数据残缺遗漏。

2.3.3 建立数据库

虚拟主机 PHP 环境搭建成功，我们的网页网站的构建任务就成功一半了，接下来要思考的，便是我们所需要在网络上所呈现的"信息"，也就是我们的数据将从何而来，又归往何处储存？这就需要我们搭建一个属于自己的数据库，用来存放注册、登录需要使用到的用户名和密码数据。

打开浏览器，输入"localhost/phpmyadmin"网址，便进入到一个如图 2-28 所示的可视化的数据库登录界面。

图 2-28　打开 phpMyAdmin 登录页

数据库的用户名与密码是安装 PHPnow 时指定的用户名（通常是 root）与密码（图 2-26），成功登录后进入如图 2-29 所示的管理页面。

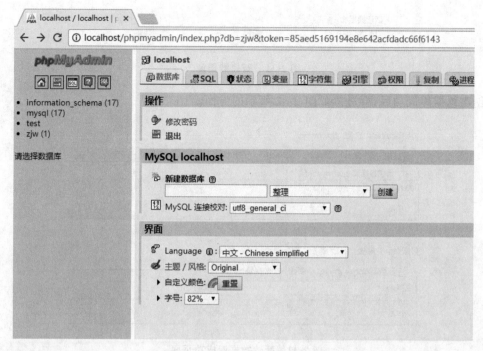

图 2-29　登录后的 phpMyAdmin 主页

点击"数据库"选项卡,进入如图 2-30 所示的"数据库"管理页面。

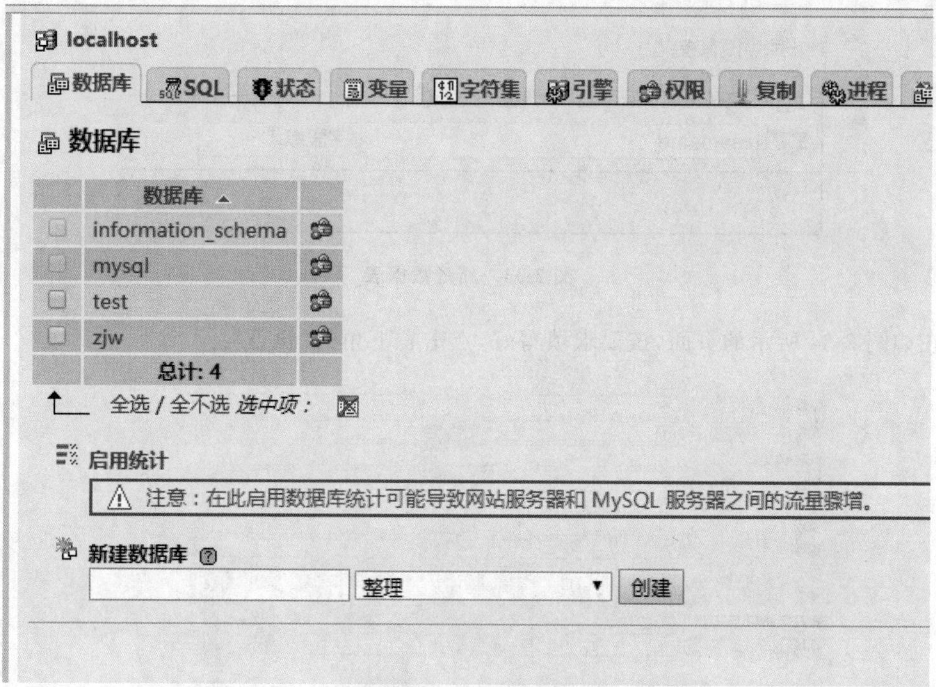

图 2-30　进入"数据库"页面

在"数据库"页面的最下方,新建一个数据库,如图 2-31 所示。

图 2-31　新建数据库

创建数据库成功后，会进入如图 2-32 所示的界面。

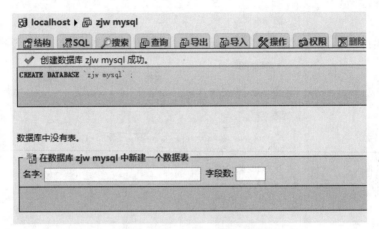

图 2-32　新建数据库成功页面

然后我们在这个页面的最下方新建一个数据表，如图 2-33 所示。输入所要创建的数据表的名字，点击右下角的"执行"。

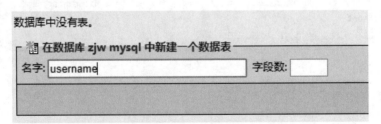

图 2-33　新建数据表

在如图 2-34 所示的页面，按要求填写好，点击右下角的"执行"。

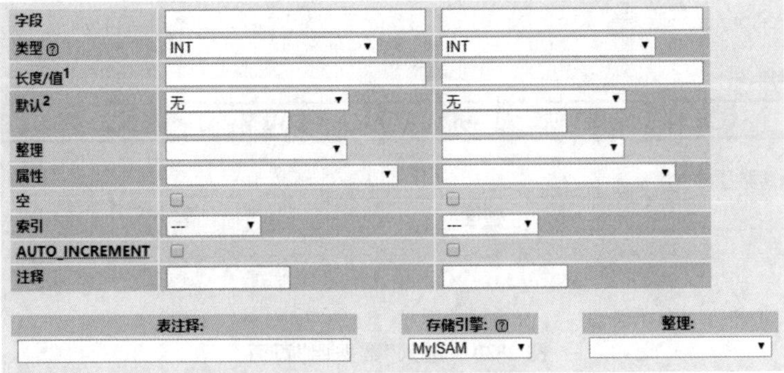

字段		
类型 ?	INT ▼	INT ▼
长度/值[1]		
默认[2]	无 ▼	无 ▼
整理	▼	▼
属性	▼	▼
空	☐	☐
索引	--- ▼	--- ▼
AUTO_INCREMENT	☐	☐
注释		

表注释：	存储引擎：?	整理：
	MyISAM ▼	▼

图 2-34　填写数据表要求

再点击数据表页面中的"结构"选项卡，进入如图 2-35 所示页面，在页面的最底部进行新建字段的操作。

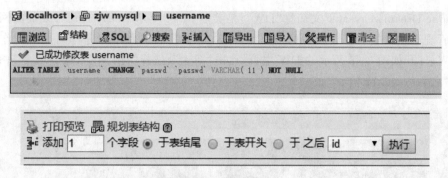

图 2-35　新建字段

如图 2-36 所示，在"字段"处输入"id"，下面的类型设置、属性选择等则可以根据自己的喜好来进行操作。

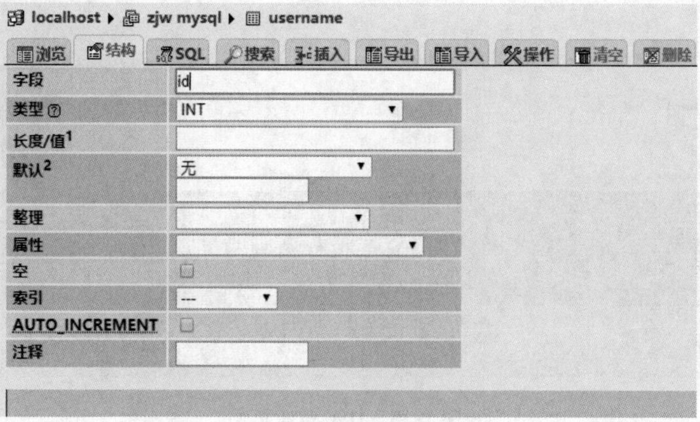

图 2-36　填写字段要求

同样新建一个名为"passwd"的字段。

两个字段都新建好之后就能得到如图 2-37 所示的页面。

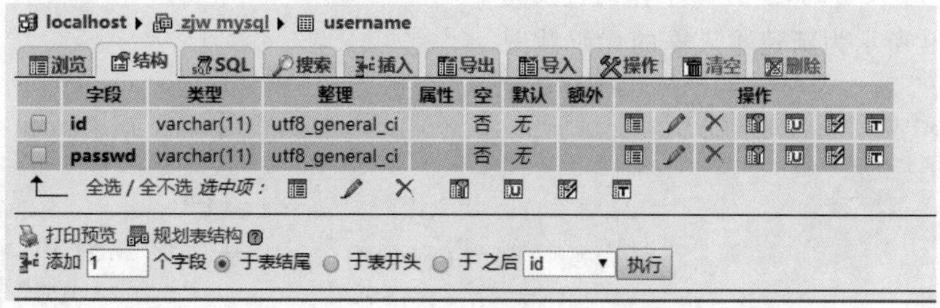

图 2-37　新建好字段的结构页面

至此，数据库部分的准备工作就做完了。此时我们网站的构建任务就已经完成，接下来

27

需要做的便是构建网页了。

2.3.4 使用 Dreamweaver 进行客户端 HTML 网页制作

Adobe Dreamweaver(下文简称"DW")是美国 MACROMEDIA 公司开发的集网页制作和网站管理于一身的所见即所得的网页编辑器,这里我们主要用它进行网页的制作。首先点击 DW,打开如图 2-38 所示的 DW 主页,点击"新建",选择"HTML",建立一个 HTML 文件,并命名为"register.html"。

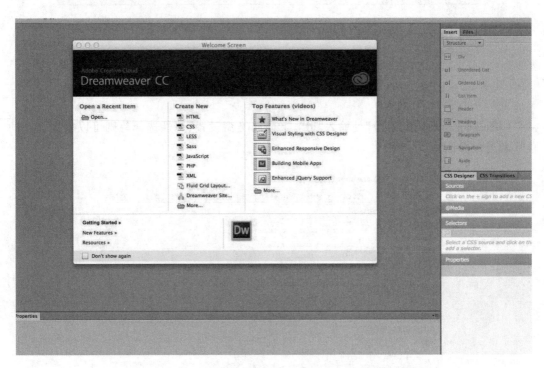

图 2-38 DW 新建页面

在 DW 中,可选择代码、拆分、实时视图,可根据自身需要选择,此处使用代码视图进行实验。

(1)首先我们需要新建 4 个表单控制元素:一个用来输入用户名,一个用来输入密码,一个用来再次输入密码,还有一个作为提交键。

图 2-39 所示为新建输入框的代码截图。

```html
<body>

        <input name="id" type="text" />
        <input name="passwd" type="password"/>
        <input name="rpasswd" type="password" />
        <input type="submit" value="Register" />

</body>
```

图 2-39 新建输入框

刷新保存后,在浏览器打开,显示效果如图 2-40 所示。

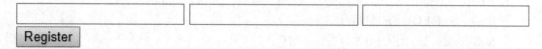

图 2-40　浏览器页面效果

(2)接着第二次新建一个 HTML 文件,操作同上,命名为"login.html"。

这里我们需要新建 3 个表单控制元素:一个用来输入用户名,一个用来输入密码,还有一个作为提交键。

输入如图 2-41 所示的新建输入框代码。

```html
<body>
        <input name="id" type="text" />
        <input name="passwd" type="password" />
        <input type="submit" value="Login" />
</body>
```

图 2-41　新建输入框

浏览器保存打开,刷新页面,如图 2-42 所示。

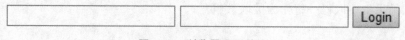

图 2-42　浏览器页面效果

(3)在 DW 中效仿以上途径,新建第三个文件,属性选择"PHP",并命名为"register.php",如图 2-43 所示。

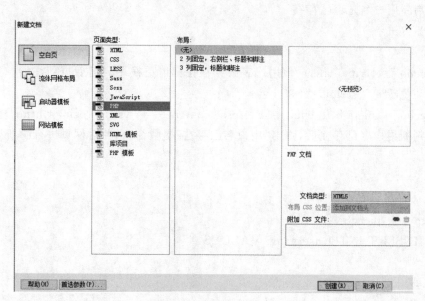

图 2-43　新建 PHP 文件

在 register.php 中写入以下语句,语句的解释已经写在双斜杠("//")后。

```php
<? php
$id = $_REQUEST['id'];
$passwd = $_REQUEST['passwd'];
$con = mysql_connect("localhost","root","root");
// 数据库用户名:root,密码:root
if ($con)
    echo "debug * * * mysql 数据库服务器连接成功! * * * debug<br/>";
else
    echo "debug * * * mysql 数据库服务器连接失败! * * * debug<br/>";
    // 判断数据库是否连接成功
mysql_select_db("zjw mysql", $con);
// 设置你使用的 MySQL 数据库
mysql_query("set names 'utf8'");
$result = mysql_query("SELECT * FROM username");
//执行针对数据库中"username"这个数据表的查询
$sign = 0;
while($row = mysql_fetch_array($result))
//从结果集中取得一行作为关联数组
{
    if($row['id'] == $id)
        $sign = 1;
}
//判断用户名是否已存在
if($sign == 1)
{
    echo "<script>alert('该用户名已经存在! 请更换用户名后重新注册。页面1秒钟后会自动跳转')</script>";
    echo "<meta http-equiv='Refresh' content='1;URL=register.html'>";
    //判断用户名已存在后,弹出"用户名已存在"提醒窗口,并对网页进行刷新
}
else
{
    mysql_query(
    "INSERT INTO `username` VALUES ("
    ."'"
    .$id."','"
    .$passwd
    ."'"
    .
```

```
            .");"
        );
        //判断用户名不存在后,将用户输入的用户名放入早先创建好的"username"数据表中

        echo "<script>alert('注册成功！页面 1 秒钟后会自动跳转')</script>";
        echo "<meta http-equiv=' Refresh ' content='1;URL=login.html'>";
    }
? >
```

(4)再次新建一个 PHP 文件,命名为"login.php",在此 PHP 文件中写下如下语句(语句的解释已经写在双斜杠后)。

```php
<? php

    $id= $_REQUEST[' id '];
    $passwd= $_REQUEST[' passwd '];
    //获取 POST 提交的参数
    $con=mysql_connect("localhost","root","root");
    if ( $con)
        echo "debug * * * mysql 数据库服务器连接成功！ * * *debug<br/>";
    else
        echo "debug * * * mysql 数据库服务器连接失败！ * * *debug<br/>";
    mysql_select_db("zjw mysql", $con);
    // 设置你使用的 MySQL 数据库
    mysql_query("set names ' utf8 '");
    $result=mysql_query("SELECT  *  FROM username");
    //执行针对数据库中"username"这个数据表的查询
    $sign=0;
    $ifid=0;
    while( $row=mysql_fetch_array( $result))
    //从结果集中取得一行作为关联数组
    {
        if( $row[' id ']== $id && $row[' passwd ']== $passwd)
            $sign=1;
        if( $row[' id ']== $id)
            $ifid=1;
            //进行赋值,以便之后进行判断
    }
    if( $ifid==0)
    //判断用户名是否存在
    {
```

```
echo "<script>alert('用户不存在,请先注册！页面 1 秒钟后会自动跳转')</script>";
echo "<meta http-equiv=' Refresh ' content=' 1;URL=register.html '>";
}
else
{
if( $ sign==1)
//判断用户名和密码是否都填写,并且用户名和密码是否正确
{
    echo "<script>alert('登录成功！页面 1 秒钟后会自动跳转')</script>";
    session_start();
    $ _SESSION[' logined ']=' yes ';
    //判断是否已经登录
    echo "<meta http-equiv=' Refresh ' content='1;URL '>";
    //将 URL 替换成登录成功后你需要跳转的网页
}
else
{
    echo "<script>alert('登录失败,请重新登录！页面1秒钟后会自动跳转)</script>";
    echo "<meta http-equiv=' Refresh ' content='1;URL=login.html '>";
    //不符合登录条件时,将自动刷新
}
}
? >
```

PHP 文件写完后,再返回到我们早先创建好的 HTML 文件中。如图 2-44 所示,在 login. html 中输入<form action="register.php" method="post">。

```
<form action="register.php" method="post" >
    <input name="id" type="text" />

    <input name="passwd" type="password" />

    <input name="rpasswd" type="password"  />

    <input  type="submit" value="Register" />
</form>
```

图 2-44　在 login.html 中输入

再如图 2-45 所示,在 register. html 中输入 form action = " login. php " method = " post ">。

```
<form action="login.php" method="post" >
  <input name="id" type="text" />
  <input name="passwd" type="password" />
  <input type="submit" value="Login" />
</form>
```

图 2-45　在 register.html 中输入

接着,如图 2-46 所示,把 HTML 文件和 PHP 文件放入同一个文件夹中,并将这个文件夹归入 PHPnow 文件夹中的"htdocs"文件夹下(文件夹名不要为中文)。

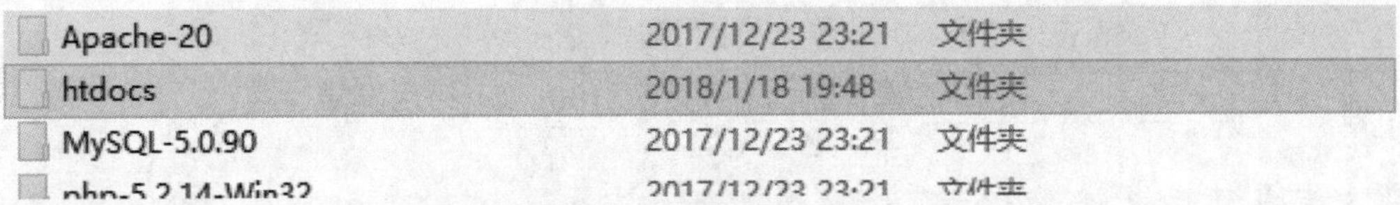

Apache-20	2017/12/23 23:21	文件夹
htdocs	2018/1/18 19:48	文件夹
MySQL-5.0.90	2017/12/23 23:21	文件夹
php-5.2.14-Win32	2017/12/23 23:21	文件夹

图 2-46　PHPnow 文件夹下的 htdocs 文件夹

(5)接下来我们进行检验,在网页中输入"localhost/(你的文件夹名)"。此处文件夹名为"11",因此输入"localhost/11",如图 2-47 所示。

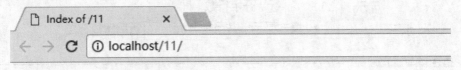

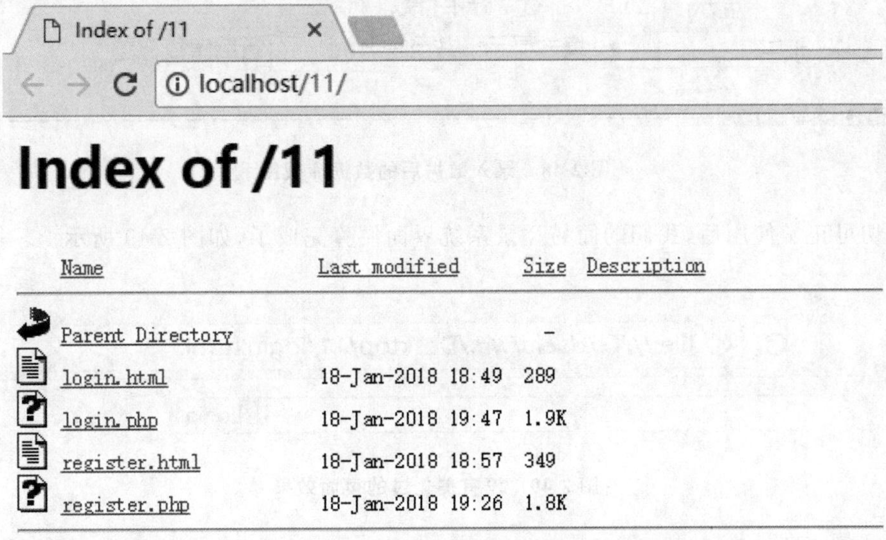

Index of /11

Name	Last modified	Size	Description
Parent Directory		-	
login.html	18-Jan-2018 18:49	289	
login.php	18-Jan-2018 19:47	1.9K	
register.html	18-Jan-2018 18:57	349	
register.php	18-Jan-2018 19:26	1.8K	

Apache/2.0.63 (Win32) PHP/5.2.14 Server at localhost Port 80

图 2-47　创建的主页

点入注册界面和登录界面,测试是否能正常使用。

同时,如图 2-48 所示,可以进入 phpMyAdmin 来浏览自己刚刚输入用户名和密码后是否进入了数据库。

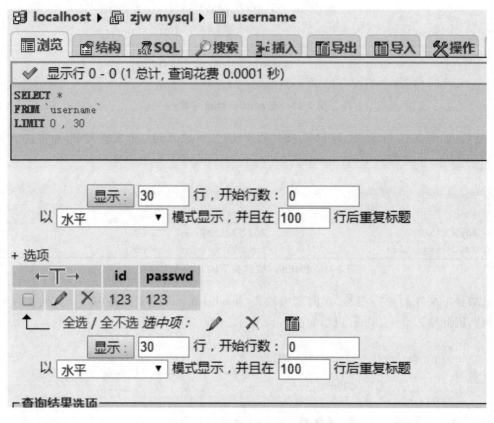

图 2-48　录入数据后的数据库截图

一切可正常使用后,我们的简易登录系统界面便算完成了,如图 2-49 所示。

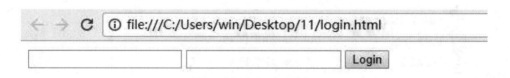

图 2-49　没有美化过的页面效果

这样的简易登录系统界面是不是觉得太过于简单了? 那么接下来,便是"自由发挥时间",可以根据自己的设计风格进行网页制作进程的最后一项任务,对我们所制作的注册和登录页面进行一些美化。

2.3.5　用 CSS 和 JavaScript 进一步修饰客户端 HTML 网页

在 DW 中打开网页文件。

(1)找到"input"标签,在其中加入"placeholder",能在输入框内添加提示文字,使用户更清晰地了解到每一个输入框的用途,如图 2-50 和图 2-51 所示。

```html
        <form action="register.php" method="post" >
 <input name="id" type="text" placeholder="username" />
 <br/>
     <input name="passwd" type="password" placeholder="password" />
     <br/>
     <input name="rpasswd" type="password" placeholder="repassword" />
     <br/>
     <input  type="submit" value="Register" />
 </form>
```

图 2-50　登录页面代码

```html
        <form action="login.php" method="post" >
 <input name="id" type="text" placeholder="user login" />
     <input name="passwd" type="password" placeholder="password" />
     <input type="submit" value="Login" />
 </form>
```

图 2-51　注册页面代码

保存后切换浏览器,效果如图 2-52 所示。

user login

图 2-52　"placeholder"代码效果

(2)用一个 div 标签,将所有输入框包裹起来,此处命名为"div2";再另外使用一个 div,书写在最外面,命名为"div1",如图 2-53 所示。在我们的设想中,"div2"是包裹输入框的块区域,而"div1"是占满整个网页的块区域。

```html
<div class="div1">
     <div class="div2">
          <form action="register.php" method="post" >
     <input name="id" type="text" placeholder="username" />
     <br/>
          <input name="passwd" type="password" placeholder="password" />
          <br/>
          <input name="rpasswd" type="password" placeholder="repassword" />
          <br/>
          <input  type="submit" value="Register" />
     </form>
     </div>
     </div>
```

图 2-53　代码的书写位置

(3)修饰输入框的按钮(语句的解释已经写在"/ * "后)。

注:因本次实验并不以美化网页为主,所以 CSS 部分的解释会较为粗略一些。

输入以下语句以改变样式:

```
input {
        width：200px；
        display：block；
        height：20px；
        border：0；
        outline：0；
        padding：6px 10px；
        margin-left：150px；
        margin-top：20px；
        padding：6px 10px；


}
input{
        background-color：#FFFFFF；
        font-size：16px；
        color：#50a3a2；
}
input:focus {
                /＊当鼠标点击输入框时,输入框的样式发生改变＊/
        width：250px；
}
```

(4)修饰提交按钮。

我们可以单独对提交按钮的样式进行修改,使提交按钮和输入框效果不同:

```
input[type='submit'] {
                /＊只针对 type 名为"submit"的样式进行修改＊/
        font-size：16px；
        letter-spacing：2px；
        /＊letter-spacing 是字间距＊/
        color：#666666；
        background-color：#FFFFFF；
        height：30px；


}
input[type='submit']:hover {
                /＊当鼠标划过提交按钮时,提交按钮的样式改变＊/
        cursor：pointer；
                /＊当鼠标划过时,设定鼠标的形状为一只伸出食指的手＊/
```

```
    background-color：#F90；
}
```

(5)修饰块区域。

对 div2,即包裹住输入框的块进行美化:

```
.div2{
        height：400px；
        width：500px；
        border：2px solid #4087A4；
        position：absolute；
        top：0；
        bottom：0；
        left：0；
        right：0；
        margin：auto；
        /*上述 CSS 主要是为了让它能够居中*/
        border-radius：10px；
        /*给 div 添加一个圆角效果*/
}
```

再对 div1,即占满整个页面的块进行美化:

```
.div1{
        width：100%；
        height：100%；
        padding：0px；
        position：fixed；
        /*使块区域占满整个页面*/
        opacity：0.8；
        background：linear-gradient(to bottom right,#F99,#09F)；
        /*设置一个渐变色的背景*/
}
```

2.3.6　预览和访问站点

网页被访问的最终效果如图 2-54 所示。

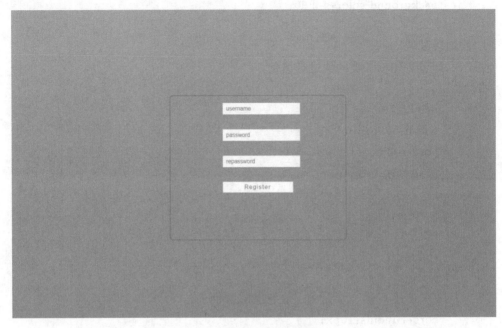

图 2-54 注册页面效果

如图 2-55 所示,当鼠标点击"username"这个输入框时,输入框的样式改变。

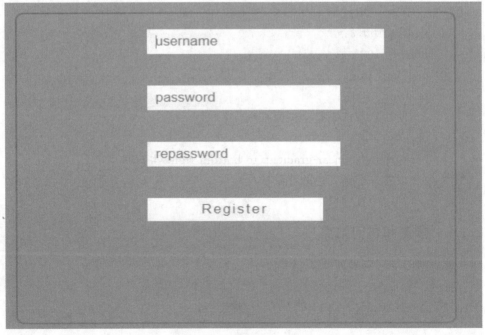

图 2-55 鼠标点击时的效果

当鼠标划过"Register"输入框时,输入框的样式改变为图 2-56 所示。

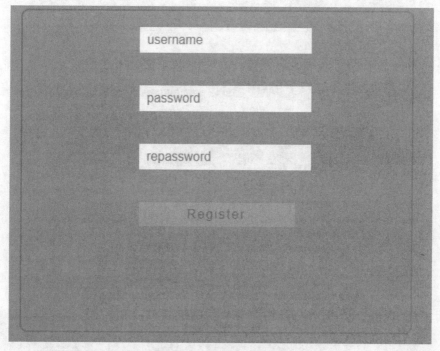

图 2-56　鼠标划过的效果

　　同样,运用几乎相同的代码,登录页面也就拥有了同样的效果,如图 2-57、图 2-58、图 2-59 所示。

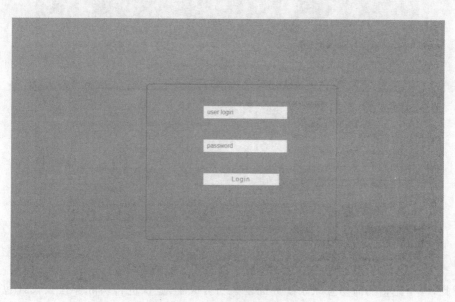

图 2-57　登录页面效果

图 2-58　鼠标点击时的效果

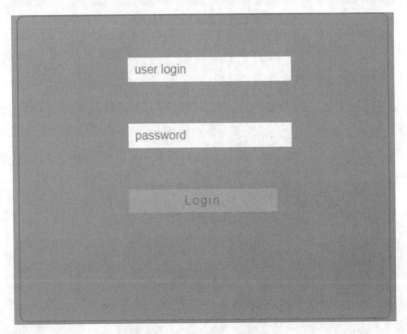

图 2-59　鼠标划过的效果

　　至此,一个完整的简易登录系统界面便大功告成了,赶快进行实际操作去设计包含你自己风格的登录界面吧!

第 3 章　天下事尽在吾彀:HTML 的分门别类

HTML 5 代表着 Web 发展的未来方向。如果大家还没有意识到,那我们先要强调一句:Web 世界已经彻底改变了,将来还会有更多极具突破性的趋势及成果不断涌现。而 HTML 作为浏览器舞台上的"演员",它在舞台上如何呈现表达自我,就成为网页开发者的必修课程了。无论你是否适应这一套新的 HTML 版本,万变不离其宗,了解 HTML 的分门别类是"演员"提升自我修养的首要要求。关于这一 Web 编程新基础的种种态势值得高度关注。

3.1　HTML 的分类

3.1.1　六种 HTML 标记——按功能分类

1. HTML 标记语言语法

HTML 使用标记标签来描述网页,标记标签是 HTML 语言中最基本的单位,是 HTML 中最重要的组成部分。

标记是 HTML 文档中一些有特定意义的符号,这些符号指明网页内容的含义或结构。

如图 3-1 所示,用一个最简单的网页来说明 HTML 标记语言的语法。该网页的内容和执行效果如下:

```
<html>
  <head>
    <meta charset="UTF-8">
    <title>《大话 Web 开发——基于知识管理角度》</title>
  </head>
  <body>
    <p>HTML 标记书写规范那些事儿</p>
  </body>
</html>
```

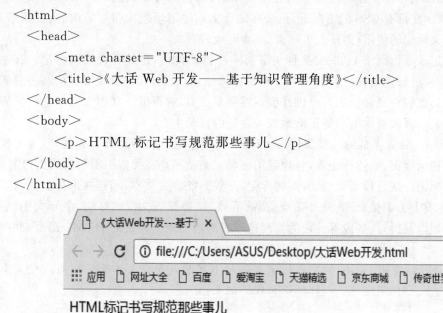

图 3-1　一个简单的网页

可见,HTML 标签大多是成对出现的,如<html></html>、<body></body>、<p></p>等,也存在着像<meta>这样的单标签,而<meta charset="UTF-8">所用的标签和属性都是小写的,而<p>HTML 标记书写规范那些事儿</p>所用的 p 标签可嵌套行内、文本元素。

因此,标签书写的规范大致有以下几点:

(1)代码缩进使用 Tab 键。

(2)HTML 标记总是放在尖括号<>中。

(3)大多数标记都是成对出现的,表示开始和结束。当然也存在一些单标签,如
空标签等。

(4)所有的标签必须合理嵌套。

2. 按功能分类的六种 HTML 标记

标记即标签,不同的标记能实现不同的功能。HTML 标记按功能可大致分为六大类。如图 3-2 所示,HTML 标记按功能分,分别是语义标记、元标记、文本标记、容器标记、嵌入式标记,以及表单和表单元素标记六大类。

图 3-2　HTML 标记按功能分类

那么,这六类 HTML 标记又分别有怎样的功能呢?

(1)语义标记。又称结构标记,是指尽量使用有相对应结构含义的 HTML 标记。语义标记的逐渐增加便于开发者阅读并写出优雅美丽的代码,同时让浏览器的"爬虫"和机器更好地解析检索。在没有 CSS 的情况下,语义标记让页面也能呈现出很好的内容、代码结构。简而言之,语义标记的使用,即是为了网页"裸奔时也好看"。

(2)元标记。是指位于 HTML 文件头部的一些特殊代码,是解释说明的标记。其主要功能就是对文档进行说明,描述 HTML 文档的整体信息。元标记向浏览者提供某一页面的附加信息,告诉我们它是谁。当客户机找服务器要东西时,它帮助一些搜索引擎进行页面分析,使导出的某一页面检索信息能正确地放入合适的目录中。

图 3-3 所示是百度主页的网页源代码。HTML 元标记出现于网页头标签处,主要包括标题标记、关键词标记、描述标记等,合理运用元标记会使网页在搜索引擎中表现更为突出。

(3)文本标记。这是最重要、最基本的标记,一般只能嵌套文本、超链接的标签。为了让网页中的文本看上去编排有序、整齐美观、错落有致,就要设置文本的标题、字号大小、字体颜色、字体类型以及换行、换段等。而为实现这一目的所使用的特定的 HTML 语言,就叫作文本标记。

如图 3-4 所示,使用了不同的文本标记来展示不同的效果。文本标记可以改变文本的颜色及字号大小、字体粗细等。具体的网页代码如下:

<html>

```
<head>
    <meta charset="UTF-8">
    <title>《大话 Web 开发——基于知识管理角度》</title>
</head>
<body>
    <font color="red">设置文本颜色</font>
      <br/>
    <font size="18">设置文本字号大小</font>
      <br/>
    <b>使用 b 标签加粗字体</b>
      <br/>
    <i>斜体标记演示</i>
</body>
</html>
```

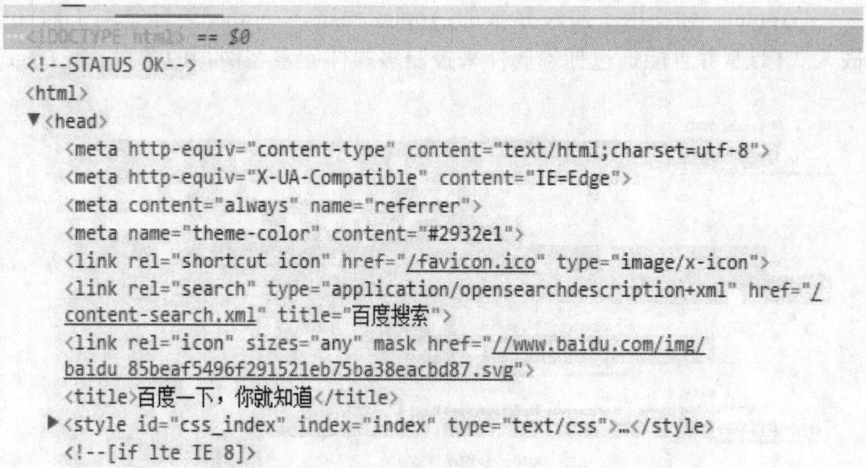

```
<!DOCTYPE html> == $0
<!--STATUS OK-->
<html>
▼<head>
    <meta http-equiv="content-type" content="text/html;charset=utf-8">
    <meta http-equiv="X-UA-Compatible" content="IE=Edge">
    <meta content="always" name="referrer">
    <meta name="theme-color" content="#2932e1">
    <link rel="shortcut icon" href="/favicon.ico" type="image/x-icon">
    <link rel="search" type="application/opensearchdescription+xml" href="/
content-search.xml" title="百度搜索">
    <link rel="icon" sizes="any" mask href="//www.baidu.com/img/
baidu_85beaf5496f291521eb75ba38eacbd87.svg">
    <title>百度一下，你就知道</title>
  ▶<style id="css_index" index="index" type="text/css">…</style>
    <!--[if lte IE 8]>
```

图 3-3　百度主页网页源代码

设置文本颜色

设置文本字号大小
使用b标签加粗字体
斜体标记演示

图 3-4　文本标记示例

常见的文本标记有＜font＞(可以通过标签属性改变字号大小、字体颜色和样式),粗字体标记＜b＞、＜strong＞,斜字体标记＜i＞、＜em＞、＜cite＞,及其他的如下划线字体标记＜u＞等。

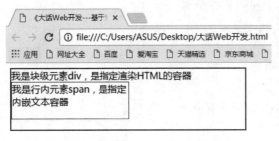

图 3-5　容器标记 div 和 span 示例

（4）容器标记。又称作内容组织标记,可以简单地理解为它是能嵌套其他所有标签的标签,是用来装东西的容器。容器与容器之间也可以相互嵌套,表现为父级容器和子级容器。

如图 3-5 所示,div 标签中可以镶嵌 span 标签,div 可以看作是一个可以装入其他标签的大容器,span 是一个只能装文本的小容器,大容器当然可以放得下小容器。

（5）嵌入式标记。常用于嵌入图像、音频、视频、flash 动画、插件等多媒体元素,使网页呈现方式更加多样化,还可以嵌套某些标签来指定视频文件的路径或者网址路径,决定多媒体元素的属性和播放方式等。

如图 3-6 所示,＜video＞标签用于播放视频,＜audio＞标签用于播放音频,＜img＞标签用于插入图片,＜Applet＞标签用于插入 Java 的 Applet 程序,＜embed＞标签用于插件引入。这些都属于嵌入式标记,并且能通过标签属性来控制多媒体元素在网页的宽高、播放形式等。

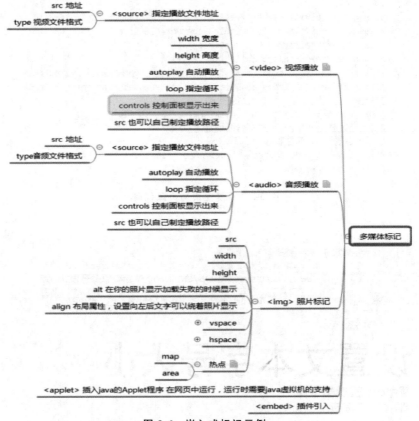

图 3-6　嵌入式标记示例

（6）表单和表单元素标记。多用于制作网页和用户交互的界面、控件，是客户端与服务器端进行信息交流的途径。用户可以使用诸如文本域、列表框、复选框及单选按钮之类的表单元素输入信息，然后单击某个按钮提交这些信息。

如图 3-7 所示，＜form＞＜/form＞标记对用来定义表单的开始和结束。action 和 method 是＜form＞标记的重要属性，前者指定表单数据提交至何处，后者指定表单数据提交的方式。而在表单＜form＞＜/form＞之间嵌入各类表单控件标记（也就是表单元素，包括＜input＞ ＜select＞ ＜textarea＞等标记）制作文本输入框、列表框、单选按钮、提交按钮等供用户输入信息，图中代码创建了一个用以提交表单的按钮。

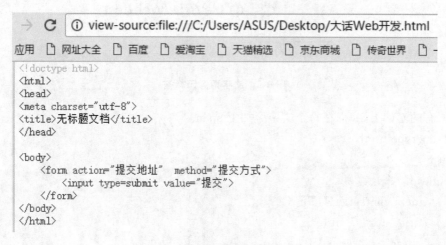

图 3-7 表单和表单元素标记示例

3.1.2 HTML 的亚当和夏娃——Web 是个朴素的行-块混排系统

在《圣经》中，亚当和夏娃被称为人类始祖，繁衍生息出了人类。那么，HTML 的亚当与夏娃是什么呢？其实，就是行元素与块元素。后来又有了它们的派生元素。所以，Web 网页的本质，其实就是一个朴素的行-块混排系统。那么，什么是行元素？什么是块元素？又为何说 Web 是行与块的混排系统呢？

1. 什么是行元素

行元素即允许其他元素和文本元素出现在相同水平空间上。行元素的代表是 span，常见的行标签有 a、span、em、strong、img、var 等。

让我们做些小实验，来考察一下行元素，看看它有什么特点。

在 D:\Web 下创建一个简单的网页文件 test.html，该文件的内容如下：

＜! doctype html＞

＜html＞

　＜head＞

　　＜meta charset＝"UTF-8"＞

　　＜title＞test＜/title＞

　＜/head＞

```
  <body>
    网页真好玩!
  </body>
</html>
```

在文字两旁无标签,得到如图 3-8 所示效果。

图 3-8　文字两旁无标签

在原有的基础上,我们在每个文字旁加上 span:

```
<! doctype html>
<html>
  <head>
    <meta charset="UTF-8">
    <title>test</title>
  </head>
  <body>
    <span>网</span><span>页</span><span>真</span><span>好
    </span><span>玩</span><span>! </span>
  </body>
</html>
```

每个文字两旁都有标签,如图 3-9 所示,发现与图 3-8 所示效果相同。

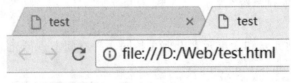

图 3-9　每个文字两旁有标签

我们可以发现,(1)随便写个文字,其实是有个隐藏的 span 标记包围在其左右。

我们来进行第 2 个实验,在 D:\Web 下创建一个简单的网页文件 test.html,该文件的内容和执行效果如下:

```
<! doctype html>
<html>
```

```
    <head>
        <meta charset="UTF-8">
        <title>test</title>
    </head>
    <body>
        <span style="border：1px solid blue；width：960px；height：600px；">网页真
        好玩！</span>
    </body>
</html>
```

给行元素<span>标签设了高宽，为了方便观察实验结果，给文字加了蓝框，得到如下效果，如图 3-10 所示。

图 3-10　给行元素设定高宽

在原有基础上，我们将文字"网页真好玩！"复制，并粘贴五次，如图 3-11 所示。

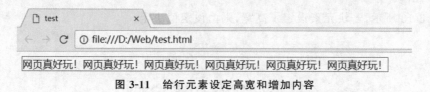

图 3-11　给行元素设定高宽和增加内容

（2）行元素的高宽只由网页内的内容决定，与设定的高宽值无关。

2. 什么是块元素

块元素不允许其他元素和本元素出现在相同水平空间上，块元素独占水平空间。块元素的代表是 div，常见的块标签有 p、div、ul、ol、li、dl、dt、dd、h1～h6 等。

下面，我们来考察一下块元素，看看它又有什么样的特点。

在 D:\Web 下创建一个简单的网页文件 test.html，该文件的内容和执行效果如下：

```
<! doctype html>
<html>
    <head>
        <meta charset="UTF-8">
        <title>test</title>
    </head>
    <body>
```

```
<div style="border：1px solid blue">网页真有趣！</div>
</body>
</html>
```

如图 3-12 所示，我们可以发现，块元素不设高宽，则宽度和父容器等宽，高度由内容决定。其实<body>标记也是一个块，因此<body>和浏览器窗口等宽（因为没有人直接对<body>设置属性，其实是和父容器等宽）。

图 3-12　块元素不设高宽

若给块元素设定高宽，效果又如何呢？

```
<！doctype html>
<html>
  <head>
    <meta charset="UTF-8">
    <title>test</title>
  </head>
  <body style="border：1px solid blue；width：960px；height：600px">
    <div>网页真有趣！</div>
  </body>
</html>
```

如图 3-13 所示，若块元素设定了高宽，则由设定值决定。

图 3-13　给块元素设定高宽

3. Web 是行与块的混排系统

我们日常看到的各种各样的 Web 网页，与 doc 文档一样，无非就是图文混排。而 Web 中的图文排版则需要行元素与块元素的帮助，所以，Web 实质上就是行与块的混排系统，如图 3-13 所示。通过行与块的混排，我们可以制作一个自定义布局网页。在混排时，我们也要注意一下的嵌套规则：

（1）块元素可以套行元素，行元素不可以套块元素。

（2）行元素想在块元素里设置居中，要在块元素里设置"text-align：center；"（在父容器里设置）；块元素想在块元素里设置居中，要在子容器里设置"margin：0 auto；"。

（3）嵌套时请注意代码的缩进。

3.1.3　到底什么是 HTML5

1. HTML5 介绍

HTML4.01 的上一个版本诞生于 1999 年。从此以后，Web 世界经历了巨变。HTML5 是 HTML 最新的修订版本，2014 年 10 月由万维网联盟（W3C）完成标准制定。其设计的目的是在移动设备上支持多媒体。目前，HTML5 仍处于完善之中。然而，大部分现代浏览器已经具备了某些 HTML5 支持。

在 HTML4 及以前的版本中，开发者若要开发产品，需要针对 PC 端以及移动端的安卓、IOS 系统去写不同的代码，才能实现各个端都能展现同样功能，使用户在产品使用时没有违和感，但因后期维护价格高，对企业而言是一笔巨大支出。HTML5 版本推出后，开发者无须根据各个端去编写不同的代码，只需要按照 HTML5 的标准编写即可。符合了 HTML5标准就可以在各端正常运行，大大减少了开发者的重复劳动，对于企业来说也降低了开发及运营、维护成本。世界知名浏览器厂商对 HTML5 的支持，是因为 HTML4 很多酷炫的效果是由第三方功能插件（例如 Adobe Flash Player 等）实现的，厂商希望将这些插件剔除（不希望被第三方插件反客为主），并寄希望于以 Web 网页逐步直至完全替代 App 客户端（以 Ajax 提供异步通信和局部刷新，以 JavaScript6 提供多线程、本地存储等富客户端程序特性，以 CSS3 提供更为丰富的客户端样式）。在我们看来这是一种程序员的巴别塔之路（所有的程序员都使用同一种技术即 Web，实现所有不同的客户端应用）。

2. HTML5 的内涵

那到底什么是 HTML5 呢？ HTML5 最先由 WHATWG（Web 超文本应用技术工作组）命名的一种超文本标记语言，随后和 WSC 的 xhtml2.0（标准）相结合，产生现在最新一代的超文本标记语言。可以简单点理解为：HTML5＝HTML＋CSS3＋JavaScript6。

（1）这里面 HTML 负责描述网页的骨架，简单来说就是把网页分割成一个个矩形，然后把这些矩形嵌套起来，形成层级关系。如果把网页比作成人体，那么 HTML 就相当于骨架，它只管把骨头一根根连起来，至于骨头长短粗细形状一概不管。

（2）CSS 负责描述这里面的矩形的大小、位置、边框、背景等外观。比作人体的话，它相当于描述了骨头的长短、粗细、形状，而且还描述了肌肉皮肤等细节。网页完成了 HTML 和CSS 的编写后相当于做出了一具身体，外形完美，但是没有思想，不会行动。

（3）JavaScript 负责定义网页的行为。它是一门事件驱动语言，大概可以理解为定义了哪个矩形在发生什么事件时做什么事。完成了 JavaScript 的网页就相当于在身体的基础上赋予其生命和智力，它能在恰当的时候做出恰当的事情。

3. HTML5 的改进

功能增强（多线程、本地化存储等），语法自由，冗余格式标记逐步废除，语义（结构）标记逐渐增加。

关于冗余格式标记逐步废除,语义(结构)标记逐渐增加方面,我们举个例子:

<span style="font-weight:700">我是一行文字</span>

<strong>我是一行文字</strong>

span 和 div 是 HTML 中的两个原始标记,永远不会被废除,在基本标记基础之上赋予 CSS 属性,能够实现另外一个 HTML 标记的效果,这个所谓的"另一个 HTML 标记"就显得多余,可以废除。HTML 的语言规范正是这么在做,自从 CSS 产生后,许多仅仅只是实现格式(尤其是文本格式)的 HTML 标记逐渐被废除。

4. 强大的 HTML5 新功能

(1)标签语义化:加入了一些新标签,推广了语义化的描述。

(2)新元素:新增了用于绘画的 canvas 元素。

(3)新属性:新增了表单相关属性、链接相关属性等。

(4)完全支持 CSS3:在不牺牲性能和语义结构的前提下,CSS3 中提供了更多的风格和更强的效果。此外,较之以前的 Web 排版,Web 的开放字体格式(WOFF)也提供了更高的灵活性和控制性。

(5)Video 和 Audio:新增媒介回放的 video 和 audio 等原生 HTML 元素,而无须第三方插件进行多媒体功能支撑。

(6)2D/3D 制图:三维、图形及特效特性(Class:3D,Graphics & Effects)基于 SVG、Canvas、WebGL 及 CSS3 的 3D 功能,用户会惊叹于在浏览器中所呈现的惊人视觉效果。

(7)多线程。

(8)本地 SQL 数据。

(9)Web 应用。

3.2　HTML 基础

3.2.1　语义标记

语义标记是 HTML5 的革新之一,为了使我们的网站更好地被搜索引擎抓取收录,更自然地获得更高的流量,网站标签的语义化就显得尤为重要。说语义标记前先来理解下什么叫语义化。当下 HTML 是靠 DIV＋CSS 来铸造页面的整体框架和结构的,通篇大量的 DIV 可读性极低,非文本编写人员无法清楚地知道某一段文本在网页中的作用。因此诞生了这些特殊的标记,使标记的名字可以清晰地解释其中文本的作用及位置,就是见名知义,使页面更清晰,方便维护和开发。简单地说,其有以下三个优点:

● 提升网站的可访问性。

● SEO(搜索引擎优化)。

● 使代码结构清晰,利于相关人员维护。

我们来看一段代码:

<div>

  <div>

    <span>点击进入<span>

```
        <img src="img.jpg" alt="访问图片">
    </div>
    </div>
    <div>
        <h6>(1-10) of 88</h6>
    </div>
```

这段代码中只有块级元素和内联行内元素，我们无法从代码中知道这三个块级元素及其他元素的分布位置和作用，只知道它们的类型。

我们再来看一段代码：

```
<section>
    <aside>
        <header>点击进入</header>
        <img src="img.jpg" alt="访问图片">
    </aside>
</section>
<footer>
    (1-10) of 88
</footer>
```

通过＜section＞代码我们可以清楚地知道，这一段代码是文档中主体部分的节、段。＜header＞中的文本是该块的开头，通常是一些引导和导航信息。通过＜aside＞标签可以知道这个标签的内容是主体部分的非正文部分，独立于其他模块。＜footer＞则告诉我们这一行文字是文档、页面的页脚，如图 3-14 所示。

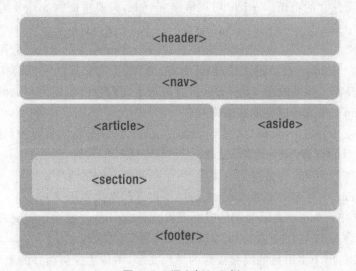

图 3-14 语义标记示例

我们来看一下不用传统的 div＋span 布局之后的网页布局(图 3-15，来源：百度图片)。

```
<main>
  <aside class="left">
  <h3>Left column</h3>
  <p>
    This column sits on the left of the main area. Wrap this column in a page section that indicates that it is
    an &lt;aside&gt; for the page.
  </p>
  <p>
    It takes up 1/3 of the width of the overall content area. Accomplish this by setting the
    <code>flex-basis</code> property to <code>33%</code>.<!--<code>1</code>. Note this
    this is a unitless value, and only makes sense in comparison to the <code>flex-basis</code> of the other
    column, which we'll set to <code>2</code>.-->
  </p>
  </aside>
<!-- end left column -->

<!-- right column -->
<aside class="right">
  <h3>Right column</h3>
  <p>
    This column is on the right of the main content area. It takes up 2/3 of the main content area width.
Accomplish this by setting it's <code>flex-basis</code> to <code>66%</code>.<!-- <code>2</code>. flex-basis is a
```

图 3-15 语义标签与传统标签结合实例

HTML5 为我们提供了一系列的语义标签。在语义合适的情况下，可以使用以下语义标签(列出其中大部分常见标签)：

＜title＞＜/title＞：简短、描述性、唯一(提升搜索引擎排名)。搜索引擎会根据＜title＞中的内容来判断网页性质，所以 title 越准确网页的定位也就越准确。内容最好出现与网页最相关的几个关键字，以提高网页流量的搜索引擎排名。

＜header＞＜/header＞：页眉通常包括网站标志、主导航、全站链接及搜索框。适合对页面内部一组介绍性或导航性内容进行标记。一般可用在文本的开头标题。

＜main＞＜/main＞：页面主要内容。一个页面只能使用一次，突出该部分的重要性，如果是 Web 应用，则包含其主要功能。

＜article＞＜/article＞：表示文档、页面、应用或一个独立的容器。就像报纸中的一个独立的板块、一篇独立的报道。article 可以嵌套 article，只要里面的 article 与外面的 article 是部分与整体的关系。

＜section＞＜/section＞：具有相似主题的一组内容，各个平级的板块之间可以用section。

＜aside＞＜/aside＞：指定附注栏，包括引述、侧栏、指向文章的一组链接、广告、友情链接、相关产品列表等。如果放在＜main＞内，应该与所在内容密切相关。也可用于使用弹性布局时，在＜main＞中进行网站的左右布局。

＜footer＞＜/footer＞：页脚，只有当父级是 body 时，才是整个页面的页脚；当父级不是 body 时，只是文章的页脚。

＜strong＞＜/strong＞：会使文本加粗，用于强调内容的重要性。

＜em＞＜/em＞：标记内容着重点(大量用于提升段落文本语义)。

在 HTML5 中，＜em＞表示强调的唯一元素，而＜strong＞则表示重要程度。

＜mark＞＜/mark＞：突出显示文本(yellow)，提醒读者。

＜b＞＜/b＞：出于实用目的提醒读者的一块文字，不传达任何额外的重要性。

＜i＞＜/i＞：不同于其他文字的文字(斜体文本效果)。

＜code＞＜/code＞：标记代码。包含示例代码或者文件名。

＜nav＞＜/nav＞：元素代表页面的导航链接区域。用于定义页面的主要导航部分。一般包含＜ul＞＜li＞等标签。如果不合适就不要用 nav 元素。

3.2.2　元标记

HTML 中的元标记指的是＜meta＞元素，该元素可提供有关页面的信息。该标记位于文档的头部，不包含任何内容。在英文中，元标记被解释为 metadata，翻译成中文叫元数据。不难看出，元标记是用于描述数据的标记，用来描述一个 HTML 网页文档的属性，如作者、日期和时间、网页描述、关键词、页面刷新，还有对关键词和网页等级的设定等。它不会显示在页面上，但是机器可以识别。它可以直接和搜索引擎交流，将网页的大致内容通过关键词的形式交流出去，也可以让搜索引擎知道这个网页是谁写的，什么时候写的。这么一来，元标记的作用方式就很好理解了。

注意：＜meta＞标记的属性定义了与文档相关联的名称/值对。在 HTML 中，＜meta＞标签没有结束标签；在 XHTML 中，＜meta＞标签必须被正确地关闭。

查看 w3school 的任意一个网页，都可以看到具有不同属性的元标记，如图 3-16 所示。

```
<meta charset="gbk" />
<meta name="robots" content="all" />
<meta name="author" content="w3school.com.cn" />
<link rel="stylesheet" type="text/css" href="/c5_20171220.css" />
```

图 3-16　meta 属性举例

meta 标记共有两个属性，分别是 http-equiv 属性和 name 属性。

name 属性主要用于描述网页，比如网页的关键词、描述等。与之对应的属性值为 content，content 中的内容是对 name 填入类型的具体描述，便于搜索引擎抓取。

1. meta 标签的 name 属性

meta 标签中 name 属性语法格式如下：

＜meta name＝"参数"　content＝"具体的描述"＞

name 属性常见的有以下属性：

（1）keywords（关键字）

说明：keywords 用来告诉搜索引擎网页的关键字是什么。

＜meta name＝"keywords" content＝"meta 总结，html meta，meta 属性，meta 跳转"＞

（2）description（网站内容描述）

说明：description 用来告诉搜索引擎网站的主要内容。

＜meta name＝"description" content＝"我的网页，html 的 meta 总结，前端学习"＞

（3）robots（机器人向导）

说明：robots 用来告诉搜索机器人哪些页面需要索引，哪些页面不需要索引。

content 的参数有 all，none，index，noindex，follow，nofollow。默认是 all。

＜meta name＝"robots" content＝"none"＞

（4）author（作者）

说明：标注网页的作者。

＜meta name＝"author" content＝"root，root@xxxx.com"＞

（5）COPYRIGHT

meta 标签 COPYRIGHT 的信息参数，说明网站版权信息。

＜meta name＝"COPYRIGHT" content＝"信息参数"＞

（6）revisit-after

revisit-after 代表网站重访，7days 表示 7 天，依此类推。

＜meta name＝"revisit-after" content＝"7days"＞

顾名思义，http-equiv 相当于 http 的文件头作用，它可以向浏览器传回一些有用的信息，以帮助正确和精确地显示网页内容。与之对应的属性值为 content，content 中的内容其实就是各个参数的变量值。

2. meta 标签的 http-equiv 属性

meta 标签的 http-equiv 属性语法格式是：

＜meta http-equiv＝"参数" content＝"参数变量值"＞

http-equiv 属性常见的有以下几种参数：

（1）expires（期限）

可以用于设定网页的到期时间。一旦网页过期，必须到服务器上重新传输。

＜meta http-equiv＝"expires" content＝"Fri,12Jan200118:18:18GMT"＞

（2）pragma（cache 模式）

禁止浏览器从本地计算机的缓存中访问页面内容（这样设定，访问者将无法脱机浏览）。

＜meta http-equiv＝"pragma" content＝"no-cache"＞

（3）refresh（刷新）

自动刷新并指向新页面。（注意：下面的 2 是指停留 2 秒钟后自动刷新到 URL 网址。）

＜meta http-equiv＝"Refresh" content＝"2;URL＝http://www.haorooms.com"＞

（4）window-target（显示窗口的设定）

强制页面在当前窗口以独立页面显示。

＜meta http-equiv＝"window-target" content＝"_top"＞

（5）content-Language（显示语言的设定）

＜meta http-equiv＝"content-Language" content＝"zh-cn"/＞

（6）content-script-type

W3C 网页规范，指明页面中脚本的类型。

＜meta http-equiv＝"content-script-type" content＝"text/javascript"＞

（7）在 HTML5 中，旧版 http-equiv 属性中的"content-type"被"charset"属性替换，如下例：

＜meta http-equiv＝"content-type"　content＝"text/html; charset＝UTF-8"＞

//旧的 HTML，不推荐，仍可使用

＜meta charset＝"UTF-8"＞ //HTML5 设定网页字符集的方式，推荐使用 UTF-8

"charset"设定页面使用的字符集。其信息参数有很多，这里做如下举例：

charset 的信息参数是 GB2312 时，说明网站采用的编码是简体中文；

charset 的信息参数是 BIG5 时，说明网站采用的编码是繁体中文；

charset 的信息参数是 iso-2022-jp 时，说明网站采用的编码是日文；

charset 的信息参数是 ks_c_5601 时，说明网站采用的编码是韩文；

charset 的信息参数是 ISO-8859-1 时，说明网站采用的编码是英文；

charset 的信息参数是 UTF-8 时，为世界通用的语言编码。

3.2.3　文本标记

HTML 标记标签常称为 HTML 标记，HTML 作为网页内容的载体，在网页呈现用户所需的文本信息，其中文本标记就是构成网页的重要组成部分。通过文本标记的书写，对文本内容的进行编辑排版，通过恰当的不同样式的文本标记来设置网页，使浏览者更高效地获取网页信息。

1. 什么是文本标记

文本标记是网页中最重要的标记，一般只能嵌套文本、超链接的标签。编辑文本使页面内容整齐有序，设置文本内容标题、字号大小、字体颜色、字体类型，以及换行、换段等，而为实现这一目的所使用的特定的 HTML 语言，就叫作文本标记。

2. HTML 文本标记种类

文本标记分为标题标记、段落标记、格式标记等。以下针对常用的几种标记进行详解。

（1）标题标记

定义：标题标记共有 6 个级别，不同级别对应显示大小不同的标题。

语法结构：常见如＜h1＞…＜h6＞

实例：

在＜body＞模块插入＜h1＞…＜h6＞，键入文本内容，注意加上＜/h1＞…＜/h6＞。如图 3-17、图 3-18 所示。

```
<!DOCTYPE html>
<html>
<head>
<meta charset="utf-8">
<title>W3Cschool(w3cschool.cn)</title>
</head>
<body>

<h1>HTML基础</h1>
<h2>网页设计</h2>
<h3>希望大家</h3>
<h4>好好学习</h4>
<h5>天天向上</h5>
<h6>步步高升</h6>

</body>
</html>
```

图 3-17　标题标记代码实例(1)

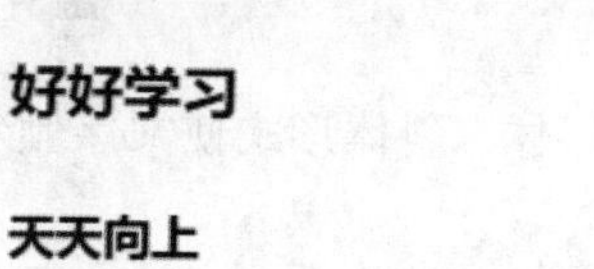

HTML基础

网页设计

希望大家

好好学习

天天向上

步步高升

图 3-18　标题标记实例(2)

（2）段落标记＜p＞

定义：HTML 可以将文档分割为若干段落。

段落＜p＞标签用于文本需要段落分行时。内容前加＜p＞，内容后加＜/p＞，实现文本段落生成。

语法结构：＜p＞内容＜/p＞

实例：＜p＞我是一个网页＜/p＞

使用说明:段落标签使文章条理清晰,段落分明。

(3)换行标记</br>

定义:文本中需要换行时,加入</br>换行标记,实现文本换行。

语法结构:我是一个网页</br>希望你能学好 HTML 知识!

实例:<p>我</br>是一个</br>可爱的 HTML 网页</p>

</br>标签与<p>标签使用差别:

<p>标签使用时需要开始和结束,<p>内容</p>,
是单独的标签。

实例:

<p>我是一个网页</p>

<p>我是一个网页
我被 br 换行</p>

(4)超链接标记<a>

a 标签即超链接标记。作为网页中的重要元素,a 标记的存在十分必要。从一个页面链接到另一个页面,可使页面跳转到一张特定图片或者文本等页面内容上。其最重要的属性是 href 属性,指向链接目标。

3. 常见的文本格式标记

HTML 使用标记<b>与<i>等对输出的文本进行格式化处理。如粗体或斜体这些 HTML 标记称为格式化标记,常见的文本格式化标记如下:

- b/strong:粗体。以加粗的形式表示一段重要文字,如图 3-19 所示。

图 3-19 粗体文本标记格式实例

- i:斜体。斜体形式使文字倾斜,常用于强调文本内容与引用文献。如图 3-20 所示。

图 3-20 斜体文本标记格式实例

- big:大号。表示大号字体内容。
- small:小号。表示小号字体内容。

- sup：上标。用来表示上标。
- sub：下标。用来表示下标。
- ins：插入。表示文档中添加的文本。
- del：删除线。表示文档中删除的文本，文本内容中央出现删除横线。
- pre：预格式文本。
- address：地址。
- strong：加重。强调呈现内容的重要性，突出显示文本内容。
- em：强调。强调呈现内容的重要性。对一段文字加以强调。
- ＜br＞：强制换行。
- ＜p＞：段落标记。
- ＜center＞：居中对齐标记。
- ＜pre＞：预格式化标记。
- ＜li＞：列表项目标记。
- ＜ul＞：无序列表标记。
- ＜ol＞：有序列表标记。
- ＜hr＞：单标记，水平分割线标记。
- ＜div＞：分区显示标记，层标记。
- ＜abbr＞：缩写标记。该缩写的完整文本内容是其 title 属性。

以上列举的是常见的 HTML 文本标记格式，更多的等待大家深入学习发掘。

4. 文本标记使用说明

文本标记语言源程序的文件扩展名默认使用 htm（磁盘操作系统 DOS 限制的外语缩写为扩展名，3 个字母）或 html（Windows 或 Mac 操作系统上的外语缩写为扩展名，4 个字母），以便于操作系统或程序辨认。

5. 文本标记小结

HTML 的文本标记是网页的重要组成部分，逐步学习网页的基本结构与工作原理有助于 HTML 的实践学习。

3.2.4　容器标记

1. 什么是容器标记

如前文所述，我们可以简单地将容器标记理解为能够嵌套其他标记的标记，比如家里的柜子、收纳盒等。

2. 容器标记实例

我们用＜table＞标记实例解释容器标记语法。如图 3-21 所示，在语法上，容器标记的语法也如 HTML 的其他类型标记一样，由封闭成对的标记组成，如＜table＞＜/table＞。

在这段代码中，我们实际上定义了一个简单的 HTML 表格，这个表格如图 3-22 所示。

```html
<html>
<head>
<meta charset="utf-8">
<title>Web大话开源</title>
</head>
<body>

<table border="1">
  <tr>
    <th>这就是容器标记</th>
    <th>这就是一个表格</th>
  </tr>
  <tr>
    <td>这就是第二行第一列的一个单元格</td>
    <td>这就是第二行第二列的一个单元格</td>
  </tr>
</table>

</body>
</html>
```

图 3-21　简单的容器标记

57

这就是容器标记	这就是一个表格
这就是第二行第一列的一个单元格	这就是第二行第二列的一个单元格

图 3-22 用简单的容器标记和其他文本标记定义的 HTML 表格

对照图 3-22,我们不难发现,在这个 HTML 表格中,border="1",是我们为这个表格定义的边框属性,也就是它的边框的宽度为 1 个像素;<tr>标记负责定义表格的行;<th>标记负责定义文字加粗的表格单元;<td>标记则负责定义普通的表格单元。而<tr>标记、<th>标记、<td>标记都嵌套于<table>标记之中,故<table>标记就像一个容器,而<tr>标记、<th>标记、<td>标记则像是子容器。

3. 其他容器标记

类似的容器标记还有<dl>标记、<div>标记、<li>标记等,而 CSS 中的块级元素基本与 HTML 中的容器级标签对应。下面,我们列出一些常见的容器标记。

<dl>标记:定义一个描述列表,而且可以与<dt>标记(定义项目或名字)和<dd>标记(描述每一个项目或名字)一起使用。它支持 HTML 的全局属性和事件属性。

<dt>标记:定义一个描述列表的项目或者名字。同样地,它也支持 HTML 的全局属性和事件属性。

<dd>标记:被用来对一个描述列表中的项目或名字进行描述。在<dd>标签内能放置段落、换行、图片、链接、列表等。同样地,它也支持 HTML 的全局属性和事件属性。

<div>标签:可以说是最常用的一个容器标记,它定义 HTML 文档中的一个分隔区块或者一个区域部分,常用于组合块级元素,以便通过 CSS 来对这些元素进行格式化。它也同样支持 HTML 的全局属性和事件属性。

3.2.5 嵌入式标记

1. 什么是嵌入式标记

嵌入式标记是一种用于嵌入图像、音频、视频、Flash 动画、插件等多媒体元素乃至网页的标记,也就是能够用来在当前 HTML 文档中嵌入其他资源的一种标记。当我们需要实现在网页中插入外部资源的功能时,就要用到嵌入式标记。

2. 嵌入式标记实例 1:用<iframe>标记实例解释嵌入式标记

在图 3-23 中,<iframe>标记就是一个嵌入式标记,其功能是在当前的 HTML 文档中通过规定一个内联框架的形式插入其他网页资源。由图可知,<iframe>标记的语法也是封闭成对的,并且被嵌入的网页资源的链接必须写在<iframe>src="后。它的语法形式为<iframe src="URL"></iframe>。此处的 URL 就是指一个相对链接或绝对链接,可以指向一个具体的网站,如 www.baidu.com,也可以指向网站中的某个文档,如 xxx.htm。

图 3-23　重要的嵌入式标记之一<iframe>

在 HTML5 中,<iframe>标记的 align 属性、marginheight 属性、scrolling 属性等不再被支持,需要通过 CSS 实现,同时增加了规定<iframe>看起来像是父文档中一部分的 seamless属性、对<iframe>内容定义一系列额外限制的 sandbos 属性以及规定页面中 HTML 内容显示在<iframe>中的 srcdoc 属性。

3. 嵌入式标记实例 2:用<a>标记实例解释嵌入式标记

我们书写一段如下的代码:

```
<html>
  <head>
    <meta charset="UTF-8">
    <title>Web 大话开源</title>
  </head>
  <body>
    <a href="http://www.www.szu.edu.cn/.com">访问深圳大学官网！</a>
  </body>
</html>
```

在这段代码中,<a>标记也是一个嵌入式标记,其功能是在当前的 HTML 文档中定义一个超级链接。运行这段代码,我们将得到图 3-24 所示界面。

图 3-24　访问深圳大学官网的超级链接

不难看出,<a>标记的语法公式为:<a href="想要跳转的链接">你希望呈现的文字内容</a>。

同样是嵌入网页资源,<a>标记和<iframe>标记有着显著的区别。<a>标记是用于呈现一个文字式的超级链接,通过点击跳转到需要的网页资源;而<iframe>标记则通过嵌入内联框的形式直接将你想要的网页资源整个呈现在当前的 HTML 文档中。

<a>标记呈现的超级链接就像是一个指定位置的任意门,通过门牌号知道这扇门能够

通向哪个世界,而进去后的那个世界和你当前所处的并不是同一个世界;当前你打开的HTML是一座大别墅,<iframe>标记那个内联框只是大别墅中的一个房间,无论如何浏览内联框,在内联框中如何操作,始终是在这座别墅内活动。

4. 嵌入式标记实例 3:用<img>标记实例解释嵌入式标记

在图 3-25 中,<img>也是一个嵌入式标记,其功能是在当前的 HTML 文档中定义一个图像。由图可知,<img>标记在语法上和大多数标记不同,它并不需要结束标记。但事实上,我们在书写时加入结束标记</img>对运行结果也没有影响,出于书写的规范性和便于记忆的原则,不妨在实际应用时加入结束标记,相对而言也更符合初学 HTML 者的使用习惯。

图 3-25 另一个重要的嵌入式标记<img>

在语法上,<img>必须加入的两个属性——src 属性和 alt 属性。src 属性用于规定当前 HTML 文档中显示图像的链接,而 alt 属性则用于规定该图像的替代文本。也就是说,这个图像就技术层面而言并不是插入,而是链接到当前 HTML 文档上的。

简单地说,<img>标记的语法为:<img src="图像的链接" alt="图像的替代文本" width="图像的宽度" height="图像的高度">。

在 HTML5 中,<img>标记的 align 属性、border 属性、hspace 属性、longdesc 属性、vspace 属性不再被支持,同时增加了设置图像跨域属性的 crossorigin 属性。

3.2.6 表单和表单元素标记

HTML 表单用于收集不同类型的用户输入信息。如在论坛留言跟帖,注册登录网页键入账号、密码,在留言框发表评论,向网页提交信息等,都离不开 HTML 表单的参与,那么到底什么是表单和表单元素呢?

1. 什么是表单元素

HTML 表单包含表单元素。表单元素即允许用户输入信息内容的区域,如输入框文本域、单选框、复选框、select 下拉列表等。表单通过使用表单标签<form>设置。

2. 什么是表单标记中的输入元素

(1)文本域:表单中的文本域,通过 input 定义,<input type="text">。当用户需要在表单键入信息,如字符、数字等内容时,使用 input 定义文本域,type 定义文本域属性。

(2)密码字段:表单中需要键入密码信息时,将 type 属性选择为 password 通行证,并选择 name 为密码文本区域命名。如:

<form>

你绝对不会知道我的密码有多长：<input type="password" name="pwd">

</form>

如图 3-26、图 3-27 所示。

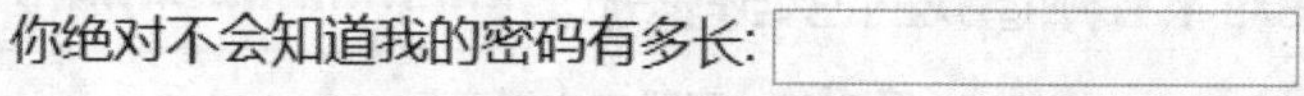

你绝对不会知道我的密码有多长:

图 3-26　表单实例

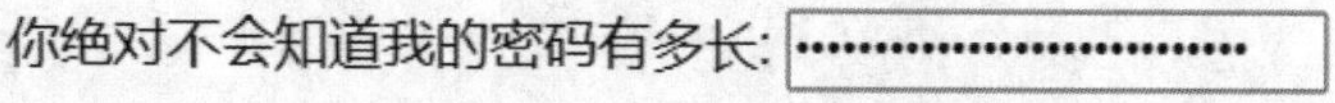

你绝对不会知道我的密码有多长: ●●●●●●●●●●●●●●●●

图 3-27　密码文本域实例

(3)提交按钮:HTML 的<input type="submit">定义了提交按钮。表单中的文本域通过 submit 定义,<input type="submit">定义了提交按钮。当用户点击按钮时,用户在表单所填写的内容会通过 action 提交到另一个终端,即 action 的属性定义了表单内容提交送往的目的地,接收到表单内容后对输入信息进行处理。

<form action="demo-form.php">

好好学习你的学号：<input type="text" name="email">

天天向上你的密码：<input type="text" name="pin" maxlength="4">

<input type="submit" value="提交">

</form>

如图 3-28 所示。

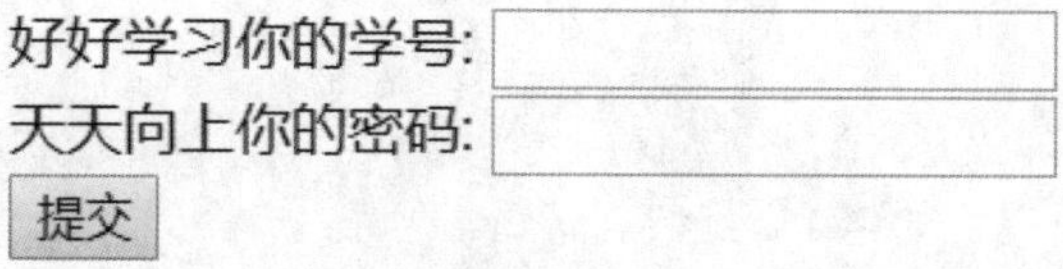

好好学习你的学号:

天天向上你的密码:

提交

图 3-28　提交按钮表单实例

3. 几种常见的表单标记

下面为几种常见的表单标记。

● form:表单,供用户输入信息,集中网页所需控件。

● input:输入域。

● name:表单所需控件名。

- maxlength：特定控件允许输入的最大字符数。
- checked：设置是否选中。
- value：网页上按钮的文本内容。

4. 表单标记注意事项

(1)HTML 表单 form 标签：需要 form 表单及提交方式，即＜form action＝""method＝"get"＞＜/form＞，才能将数据传输给另一种终端；还需另外一个网页或程序后台处理，否则程序不能接收到将要处理的数据。

(2)密码文本域显示：密码文本域。在填写表单信息内容时，密码文本域信息以星号或圆点显示，如图 3-29 所示。

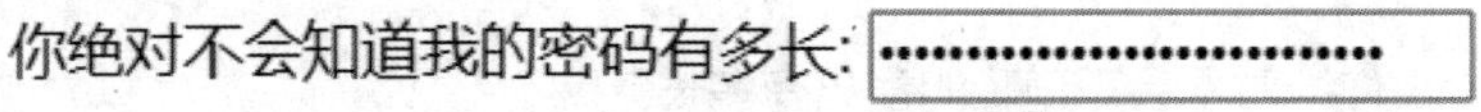

你绝对不会知道我的密码有多长：●●●●●●●●●●●●●●●●●

图 3-29 密码文本域实例

(3)form 的 action 值，即表单内容提交跳转的地址。

(4)通过 class 式样的选择，实现每个 input 文本域表单的美化。

第 4 章　DIV＋CSS 图文混排——Web 设计

4.1　CSS 概述

如果说 HTML 语言规定了网页的具体内容,那么 CSS(cascading style sheets)就是为了给这些内容进行规整和装饰而存在的。CSS 最初的诞生,就是因为 HTML 为了满足页面设计者的显示要求而变得臃肿复杂,因而需要一种样式表语言达到控制页面呈现内容的效果。CSS 让整个页面可视化程度更强,可以说是网页的门面。如果将网页比作一个舞台,HTML 是舞台上的演员,那么 CSS 就是演员的扮相,更完美地将节目(即页面内容)呈现在观众面前。如图 4-1 所示。

图 4-1　CSS 就是浏览器网页舞台剧中演员的"扮相"

4.1.1　CSS 的本质

CSS 即层叠样式表。作为一种用来表现 HTML 或者 XML 的计算机语言,CSS 可以对网页元素位置的排版进行像素级别的精确控制,可以静态地修饰网页,也可以配合脚本语言(如后文会提到的 JavaScript)动态地格式化网页元素。

在第 3 章我们已经了解到每个 HTML 元素都有一组样式属性,它们可以通过 CSS 来设定。这些属性涉及背景(background)、字体(fonts)、颜色(color)、链接(link)、边框(border)、列表样式(url)等。CSS 就是一种先选择 HTML 元素,然后设定选中元素属性的机制。CSS 选择器和要应用的样式构成了一条 CSS 规则。

CSS 规则由两个主要的部分构成:选择器及一条或多条声明。如图 4-2 所示,选择器(selector)就是想要改变样式的 HTML 元素;每条声明(declaration)由一个属性(property)

和一个值（value）构成。属性是想要设置的样式属性（style attribute），每个属性有一个值。属性和值被冒号（:）分开，CSS 声明总是以分号（;）结束，声明组以大括号（{ }）括起来。

图 4-2　CSS 规则

CSS 属性可以渲染任何格式，其中最重要的属性是颜色、尺寸、定位/位置。

1. 背景属性

用于定义 HTML 元素的背景，见表 4-1。

表 4-1　背景属性

background-attachment	背景图像是否固定或者随着页面的其余部分滚动
background-color	设置元素的背景颜色
background-image	把图像设置为背景
background-position	设置背景图像的起始位置
background-repeat	设置背景图像是否及如何重复

背景颜色示例如图 4-3 所示。

```
h1 {background-color:#72a30a;}
p {background-color:#e0ffff;}
div {background-color:#b0c4de;}
```

图 4-3　背景颜色

背景图片示例如图 4-4 所示。

```
body {background-image:url('paper.gif');}
```

图 4-4　背景图片

2. 文本属性

用来设置文本格式，见表 4-2。

表 4-2　文本属性

color	设置文本颜色
direction	设置文本方向
letter-spacing	设置字符间距
line-height	设置行高
text-align	对齐元素中的文本
text-decoration	向文本添加修饰
text-indent	缩进元素中文本的首行
text-shadow	设置文本阴影
text-transform	控制元素中的字母
unicode-bidi	设置或返回文本是否被重写
vertical-align	设置元素的垂直对齐
white-space	设置元素中空白的处理方式
word-spacing	设置字间距

文本颜色示例如图 4-5 所示。

```
body {color:red;}
h1 {color:#00ff00;}
h2 {color:rgb(0,255,0);}
```

图 4-5　文本颜色

文本对齐示例如图 4-6 所示。

```
h1 {text-align:center;}
p.date {text-align:right;}
p.main {text-align:justify;}
```

图 4-6　文本对齐

3. 字体属性

定义字体、加粗、大小、文字样式,见表 4-3。

表 4-3　字体属性

font-family	指定文本的字体系列
font-size	指定文本的字号大小
font-style	指定文本的字体样式
font-variant	以小型大写字体或者正常字体显示文本
font-weight	指定字体的粗细

字号大小示例如图 4-7 所示。

```
h1 {font-size:40px;}
h2 {font-size:30px;}
p {font-size:14px;}
```

图 4-7　字号大小

字体样式示例如图 4-8 所示。

```
p.normal {font-style:normal;}
p.italic {font-style:italic;}
p.oblique {font-style:oblique;}
```

图 4-8　字体样式

4. 链接属性

链接的样式,可以用任何 CSS 属性(如颜色、字体、背景等),其中

- a:link:正常,未访问过的链接。
- a:visited:用户已访问过的链接。
- a:hover:当用户鼠标放在链接上时。
- a:active:链接被点击的那一刻。

示例如图 4-9 所示。

```
a:link {color:#000000;}     /* 未访问链接*/
a:visited {color:#00FF00;} /* 已访问链接 */
a:hover {text-decoration:underline;} /*鼠标移动到链接上 */
a:active {background-color:#670e5e;} /* 鼠标点击时 */
```

图 4-9　链接样式

5. 列表属性

在 HTML 中,有两种类型的列表:

(1)无序列表:列表项标记用特殊图形(如小黑点、小方框等)。

(2)有序列表:列表项的标记有数字或字母。

列表样式属性可以:

- 设置不同的列表项标记为有序列表。
- 设置不同的列表项标记为无序列表。
- 设置列表项标记为图像。

列表属性见表 4-4。

表 4-4　列表属性

list-style-image	将图像设置为列表项标志
list-style-position	设置列表中列表项标志的位置
list-style-type	设置列表项标志的类型

示例如图 4-10 所示。

```
ul
{
    list-style-type: none;  /*设置列表样式类型为没有删除列表项标记*/
    padding: 0px;
    margin: 0px;  /*设置填充和边距0px（浏览器兼容性）*/
}
ul li
{
    background-image: url(sqpurple.gif);  /*设置图像的URL只*/
    background-repeat: no-repeat;  /*图像只显示一次，不重复*/
    background-position: 0px 5px;  /*定位图像位置（左0px上下5px）*/
    padding-left: 14px;  /*用padding-left属性把文本置于列表中*/
}
```

图 4-10　列表样式

6. 边框属性

允许指定一个元素边框的样式和颜色,见表 4-5。

表 4-5　边框属性

border	简写属性,用于把对 4 条边的属性设置在一个声明中
border-style	用于设置元素所有边框的样式,或者单独地为各边设置边框样式
border-width	简写属性,用于为元素的所有边框设置宽度,或者单独地为各边边框设置宽度
border-top	简写属性,用于把上边框的所有属性设置到一个声明中
border-top-color	设置元素的上边框的颜色
border-top-style	设置元素的上边框的样式
border-top-width	设置元素的上边框的宽度
border-color	简写属性,设置元素的所有边框中可见部分的颜色,或为 4 条边分别设置颜色
border-bottom	简写属性,用于把下边框的所有属性设置到一个声明中
border-bottom-color	设置元素的下边框的颜色
border-bottom-style	设置元素的下边框的样式
border-bottom-width	设置元素的下边框的宽度

续表

border-left	简写属性,用于把左边框的所有属性设置到一个声明中
border-left-color	设置元素的左边框的颜色
border-left-style	设置元素的左边框的样式
border-left-width	设置元素的左边框的宽度
border-right	简写属性,用于把右边框的所有属性设置到一个声明中
border-right-color	设置元素的右边框的颜色
border-right-style	设置元素的右边框的样式
border-right-width	设置元素的右边框的宽度

示例如图 4-11 所示。

```
p.one
{
    border-style:solid;
    border-color:green;
}
p.two
{
    border-top-style:dotted;
    border-right-style:solid;
    border-bottom-style:dotted;
    border-left-style:solid;
    border-color:#72a30a;
}
```

图 4-11　边框属性

7. 轮廓属性

轮廓(outline)是绘制于元素周围的一条线,位于边框边缘的外围,可起到突出元素的作用,如图 4-12 所示。轮廓属性指定元素轮廓的样式、颜色和宽度,见表 4-6。

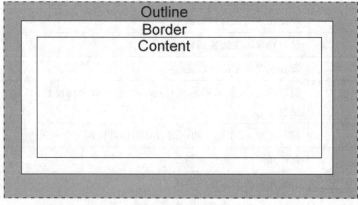

图 4-12　轮廓属性

表 4-6　轮廓属性

outline-color	设置轮廓的颜色	color-name hex-number rgb-number invert inherit
outline-style	设置轮廓的样式	none　　dotted dashed　solid double　groove ridge　　inset outset　inherit
outline-width	设置轮廓的宽度	thin　　medium thick　length inherit

8. 填充/内边距属性

定义元素边框与元素内容之间的空间,见表 4-7。示例如图 4-13 所示。

表 4-7　填充/内边距属性

padding-left	设置元素的左部填充
padding-right	设置元素的右部填充
padding-top	设置元素的顶部填充
padding-bottom	设置元素的底部填充

```
padding-top:25px;
padding-bottom:25px;
padding-right:50px;
padding-left:50px;

padding:25px 50px 75px 100px;
/*上填充为25px,右填充为50px,下填充为75px,左填充为100px*/

padding:25px 50px 75px;
/*上填充为25px,左右填充为50px,下填充为75px*/

padding:25px 50px; /*上下填充为25px,左右填充为50px*/
padding:50px; /*所有的填充都是50px*/
```

图 4-13　填充/内边距属性

9. 外边距 margin 属性

定义元素周围的空间。margin 可清除周围元素(外边框)的区域。margin 没有背景颜色,是完全透明的;可以单独改变元素的上、下、左、右边距,也可以一次改变所有的属性,见表 4-8。

表 4-8 外边距属性

margin-left	设置元素的左外边距
margin-right	设置元素的右外边距
margin-top	设置元素的上外边距
margin-bottom	设置元素的下外边距

margin 代码编写与内边距属性类似。内、外边距的区别之处:

①从 border 边框的位置来看,padding 在 border 边框内,margin 在 border 边框外;

②padding 内边距会改变盒模型的大小(即宽高),margin 则不会;

③margin 可用负值,padding 不可以;

④背景图片会显示在 padding 上,不会显示在 margin 上。

10. 尺寸属性

允许控制元素的高度和宽度,同样允许增加行间距,见表 4-9。

表 4-9 尺寸属性

height	设置元素的高度
line-height	设置行高
max-height	设置元素的最大高度
max-width	设置元素的最大宽度
min-height	设置元素的最小高度
min-width	设置元素的最小宽度
width	设置元素的宽度

11. 显示属性

设置一个元素应如何显示。

● Visibility:指定一个元素应可见还是隐藏。

● Display:none:可以隐藏某个元素,且隐藏的元素不会占用任何空间。

● Visibility:hidden:可以隐藏某个元素,但隐藏的元素仍需占用与未隐藏之前一样的空间。

12. 定位属性

指定元素的定位类型。

元素可以使用顶部、底部、左侧和右侧属性定位。然而,这些属性无法工作,除非先设定定位属性。它们也有不同的工作方式,取决于定位方法。

定位属性有四个值:static,relative,absolute,fixed。

(1)static(默认),默认文档流位置

● 不写 position,等价于写了 position:static。

● 位置由代码在文档流(文档代码如从上向下奔流的瀑布,得名文档流)中的顺序决定。

(2)relative 相对定位

● 相对自己在文档流中的原始位置进行偏移。

● 偏移的时候根据 top、bottom、left、right 属性的赋值决定。

● 该元素仍然在文档流中,但文档流的其他元素认为它仍然在原始位置(障眼法),即只有用户能看到它现在的真实位置。

● 相对定位元素经常被用来作为绝对定位元素的容器块。

(3)absolute 绝对定位

● 设定了 absolute 后,该元素脱离文档流。

● 如果未设定偏移,该元素存在于新建的上层图层中(后来居上,z-index 越大越上层),位置保持当前位置不变(悬空);原始文档流(下层)中其他元素发现该元素不存在,因此会占据其位置。

● 如果设定了偏移,相对于第一个设定为 relative 的父元素进行偏移,如果所有的父元素都没有设定为 relative,则它相对于 body 偏移。

(4)fixed 固定定位

● fixed 定位使元素的位置与文档流无关,因此不占据空间。

● fixed 定位的元素位置相对于浏览器窗口是固定位置,即使窗口滚动它也不会移动。

● fixed 定位的元素和其他元素重叠。

定位属性的学习有助于我们达成万能布局大法,即整个网页容器设定为 relative,中型容器设定为既是 relative 又是 absolute,具体元素设定为 absolute,这样可以让中型容器相对于大型容器自由移动,具体元素在中型容器中自由移动。如图 4-14 所示。

```html
<body>
  <div style="
  border:1px solid green; width:960px; height:1600px
  margin:0 auto; position:relative;
  ">
    <div style="
    border:1px solid green; width:400px; height:600px
    margin:0 auto; position:relative;
    position;absolute; top:120px left:120px
    ">
      <div style="
      border:1px solid green; width:100px; height:100px
      margin:0 auto; position:relative;
      position;absolute; top:20px left:20px
      ">
      </div>
    </div>
  </div>
</body>
```

图 4-14　万能布局

13. 浮动属性

浮动属性会使元素向左或向右移动,其周围的元素也会重新排列。一个浮动元素会尽量向左或向右移动,直到它的外边缘碰到包含框或另一个浮动框的边框为止。浮动元素之后的元素将围绕它,浮动元素之前的元素不会受到影响。具体见表 4-10。

表 4-10　浮动属性

clear	指定不允许元素周围有浮动元素	left　　right both　　none inherit
float	指定一个盒子(元素)是否可以浮动	left　　right none　　inherit

元素浮动之后,周围的元素会重新排列,为了避免这种情况,使用 clear 属性。

浮动属性示例如图 4-15 所示。

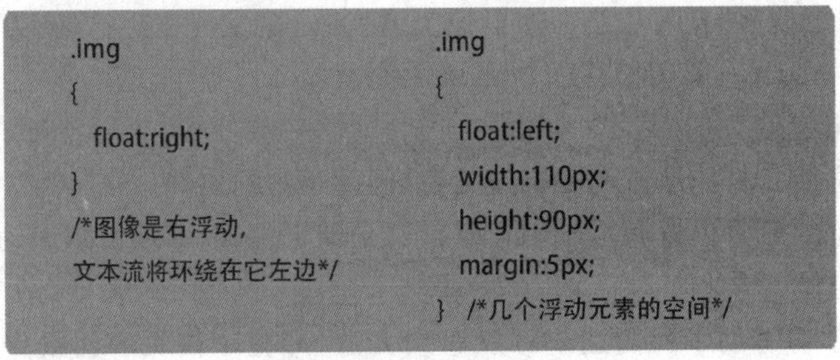

```
.img                        .img
{                           {
  float:right;                float:left;
}                             width:110px;
/*图像是右浮动,               height:90px;
文本流将环绕在它左边*/         margin:5px;
                            } /*几个浮动元素的空间*/
```

图 4-15　浮动属性

4.1.2　三种 CSS 的"层叠"

CSS 中的"C(cascading)层叠"表示样式单规则应用于 HTML 文档元素的方式。具体地说,CSS 样式单中的样式形成一个层次结构,更具体的样式覆盖通用样式。样式规则的优先级由 CSS 根据这个层次结构决定,从而实现级联效果。

1. 内联样式

在当前 HTML 标记中,直接用 style 属性的形式书写 CSS 代码,如图 4-16、图 4-17 所示。

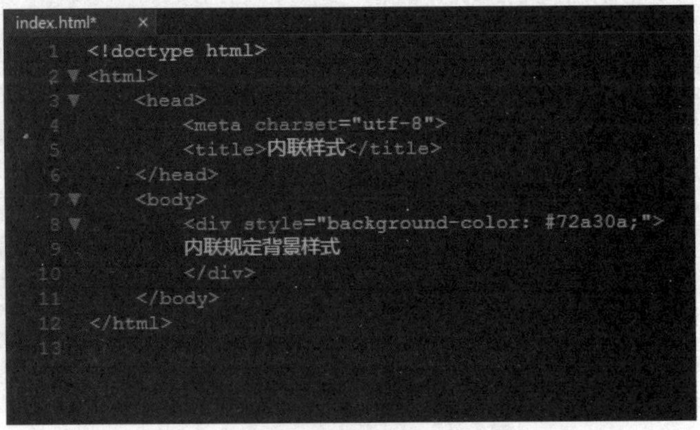

```html
index.html*    ×
 1    <!doctype html>
 2 ▼ <html>
 3 ▼   <head>
 4         <meta charset="utf-8">
 5         <title>内联样式</title>
 6     </head>
 7 ▼   <body>
 8 ▼     <div style="background-color: #72a30a;">
 9         内联规定背景样式
10       </div>
11     </body>
12 </html>
13
```

图 4-16　内联样式(1)

图 4-17　内联样式(2)

2. 内嵌样式

在＜head＞标记下嵌入＜style type＝"text/css"＞＜/style＞，然后在＜style＞
＜/style＞标记内书写 CSS 代码，如图 4-18、图 4-19 所示。

```
index.html*    ×
 1   <!doctype html>
 2 ▼ <html>
 3 ▼     <head>
 4           <meta charset="utf-8">
 5           <title>内嵌样式</title>
 6           <style type="text/css">
 7                .div1{background-color: #72a30a}
 8           </style>
 9       </head>
10 ▼     <body>
11 ▼         <div class="div1">
12           内嵌规定背景样式
13           </div>
14       </body>
15   </html>
16
```

图 4-18　内嵌样式(1)

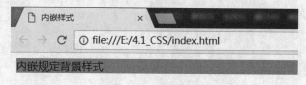

图 4-19　内嵌样式(2)

3. 外部样式

另外新建.css 文件，在该文件中书写 CSS 代码，如图 4-20、图 4-21、图 4-22 所示。注意：
需要该 CSS 代码产生效果的 HTML 页面需要用"＜link type＝"text/css"　rel＝"stylesheet"
href＝"web.css" /＞"来引入外部 CSS 文件。

```
index.html    ×
源代码  web.css
 1   <!doctype html>
 2 ▼ <html>
 3 ▼     <head>
 4           <meta charset="utf-8">
 5           <title>外部样式</title>
 6           <link href="web.css" rel="stylesheet" type="text/css">
 7       </head>
 8 ▼     <body>
 9 ▼         <div class="div1">
10               外部样式
11           </div>
12       </body>
13   </html>
14
```

图 4-20　外部样式(1)

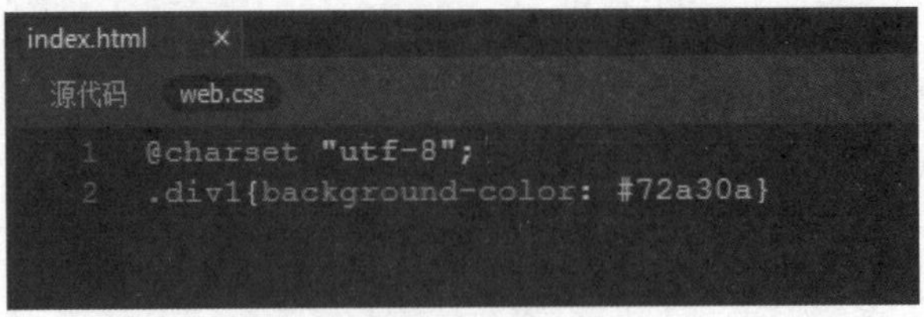

图 4-21 外部样式(2)

图 4-22 外部样式(3)

4. 三种方式的优先级

(1)为了测试三种样式的优先级,我们把三种样式都加到网页内容上去,内联样式背景颜色设置为绿色,内嵌样式为黑色,外部样式为红色。如图 4-23、图 4-24 所示。

图 4-23 三种方式的优先级(1)

图 4-24 三种方式的优先级(2)

由图 4-25 可知,背景颜色显示为内联样式定义的绿色,内联样式的优先级最高。

图 4-25　呈现绿色

（2）为比较内嵌样式和外部样式优先级，把内联样式去掉，如图 4-26 所示。

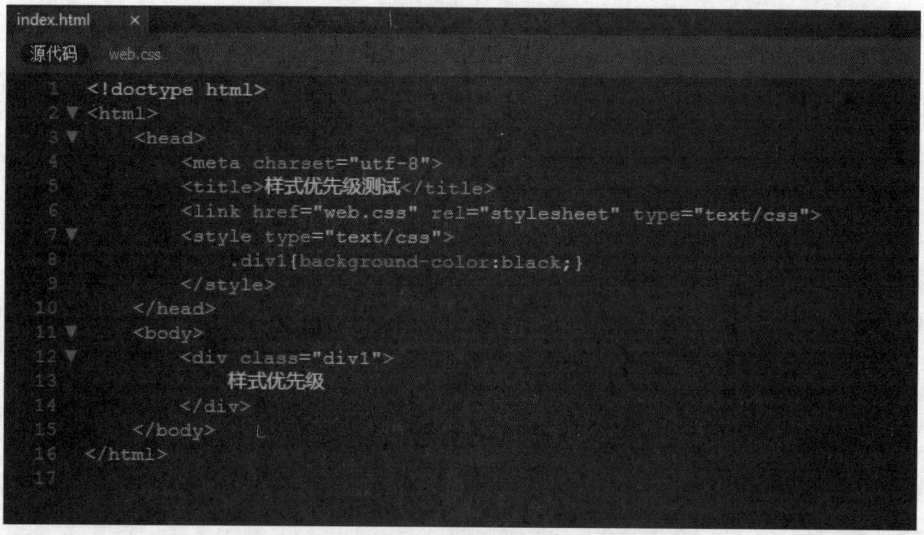

```html
<!doctype html>
<html>
    <head>
        <meta charset="utf-8">
        <title>样式优先级测试</title>
        <link href="web.css" rel="stylesheet" type="text/css">
        <style type="text/css">
            .div1{background-color:black;}
        </style>
    </head>
    <body>
        <div class="div1">
            样式优先级
        </div>
    </body>
</html>
```

图 4-26　比较内嵌样式和外部样式优先级

呈现背景为黑色（图 4-27），由此可知内嵌样式优先级次之。因此三种方式的优先级顺序是：内联样式＞内嵌样式＞外部样式。

图 4-27　呈现黑色

4.2　CSS 基础

4.2.1　几种重要的 CSS 选择器

在 CSS 中，选择器是一种模式，用于选择你想要的元素的样式。下面介绍几种比较重要的 CSS 选择器。

1. 标签选择器

标签选择器可以说是最常见的 CSS 选择器，从字面上看，其实就是通过选择 HTML 页面中的某个标签,比如 p、h1 等来设置选中标签的样式,甚至可以选择 HTML 本身。

拿 HTML 页面的 p 标签做例子,标签选择器语法形式为:标签{样式表}。举例如下:

```
p{
    font-size:20px;
    color:blue;
}
```

通过此选择器对页面中所有 p 标签进行字号为 20px,字体颜色为蓝色的设置。

2. 类别选择器

类别选择器即 Class 选择器,根据类名来选择并设置一组元素的样式。在完整的 HTML 页面中,Class 可以被多个元素使用,在 CSS 中,类选择器以一个点“.”号显示。语法形式为:.类名{样式表}。举例如下:

```
.center{
    text-align:center;
}
```

在上面这段代码中,使用 class="center"的元素被类别选择器选择设置文本居中。

我们也可以指定特定的 HTML 元素使用 class,只要在“.”前加上特指的元素即可,如:

```
p.center{
    text-align:center;
}
```

在这段代码中,在“.”前加上了 p 元素,则只有使用 class="center"的 p 元素才能被选中,实现文本居中。

3. ID 选择器

ID 选择器可以为标有 ID 的 HTML 元素指定特定的样式。但与 Class 不同的是,元素 ID 具有唯一性,同一 ID 在同一文档页面中只能出现一次。在 CSS 中,ID 选择器语法形式为:#id 名{样式表}。举例如下:

```
#para1{
    text-align:center;
    color:blue;
    font-size:25px;
}
```

在这个声明中,id="para1"的元素才能应用以上的样式。

4. 通用选择器

通用选择器是功能最强大的选择器,以“*”来表示。它能够用来选择所有元素,也能够用来选择某一个元素内的元素。语法形式为:*{样式表}或标签*{样式表}。

选择所有元素时,举例如下:

```
*{
    background-color:yellow;
    color:blue;
}
```

该 HTML 页面的所有元素应用上面这个 CSS 样式。

选择某一个元素内的元素时，举例如下：

```
div * {
    background-color:yellow;
    color:blue;
}
```

该 HTML 页面 div 里面的元素（不包括 div 本身）应用上面这个 CSS 样式。

5. 后代选择器

后代选择器又称为包含选择器，用来选择特定元素或元素组的后代。后代选择器的语法形式为：前代元素/元素　后代元素{样式表}。举例如下：

```
div h1{
    background-color:yellow;
    color:blue;
}
```

而在该段代码中，只有 div 中的后代元素 h1 才能应用以上样式。

6. 子选择器

子选择器和后代选择器类似，都能够选择后代元素，后代选择器能够选择子元素、孙元素、曾孙元素等，但子选择器只能够选择直接后代，即第一代子元素。子代选择器的语法形式为：前代元素/元素＞后代元素{样式表}。举例如下：

```
div>ul{
    background-color:yellow;
    color:blue;
}
```

在该段代码中，只有 div 中的第一代子元素 ul 才能应用以上样式，ul 里面的元素不能应用。

7. 属性选择器

属性选择器可以为带有指定属性的 HTML 元素设置样式，这个属性可以是标准属性，也可以是具体属性。但属性为标准属性时，语法形式为：[属性]{样式表}。如选择属性为 title 时，举例如下：

```
[title]{
    color:blue;
}
```

在该段代码中，包含属性 title 的元素应用以上样式。

属性为具体属性时，语法形式为：[属性＝具体属性值]{样式表}。如当选择具体属性 title＝"web"时，举例如下：

```
[title="web"]{
    color:blue;
}
```

在该段代码中，包含属性 title 且具体属性值为 web 的元素应用以上样式。

8. 组合选择器

组合选择器顾名思义就是对多种选择器进行相同样式的定义。组合选择器的语法形式为：<选择器 1>，<选择器 2>，<选择器 3>｛样式表｝。举例如下：

```
span,[title],#para1 {
    color: blue;
    background-color:yellow;
    font-size:25px;
}
```

在该段代码中，采用了标签选择器、属性选择器、ID 选择器分别去设置 span、带有 title 属性的元素、ID 名为 para1 元素的样式。

4.2.2　几种常用的 CSS：颜色、尺寸、位置

讲完了如何用选择器去设置特定元素的样式，在这一节为大家讲解如何去设置几种常见的 CSS 样式。

1. 颜色

对颜色属性我们在这里讲两种：一种是 color 属性，用来设置指定元素的颜色；另一种是 background-color 属性，用来设置指定元素的背景颜色。语法形式为：color/background-color：。颜色取值示例如图 4-28 所示。

```
<html>
<head>
<meta charset="utf-8">
<title>颜色</title>
<style>
h1 {color:red;}
h2 {color:#00ff00;}
p.ex {color:rgb(0,0,255);}
</style>
</head>

<body>
<h1>这是红色</h1>
<h2>这是绿色</h2>
<p class="ex">这是蓝色</p>
</body>
</html>
```

图 4-28　颜色取值

在图 4-28 中，通过 CSS 选择器对 h1、h2、p 的颜色进行不同的设置。在这里要注意的是，这个颜色的表达可以是颜色的英文名称，如 blue、red、green 等；或者是一个 16 进制的 RGB 值，使用"#"加上这个 16 进制数即可表达；又或者是用 rgb 数值进行表达，比如 rgb(0,0,255)，表示蓝色。

2. 尺寸

在学习尺寸之前我们先来了解一下 CSS 盒子模型，以及什么是块级元素、行内元素。

CSS 盒子模型把 CSS 当作一个盒子,用来封装周围的 HTML 元素,这个用来分装的盒子包括边距、边框、填充、实际内容。

想象一下,在 CSS 这个盒子中,边框(border)是盒子本身,内容(content)是盒子里所放置的东西,外边距(margin)是盒子与盒子之间为了防止碰撞或堆积而隔开的距离,而填充(padding)就是边框和内容物之间为了保护内容物而填充的防震材料。如图 4-29 所示。

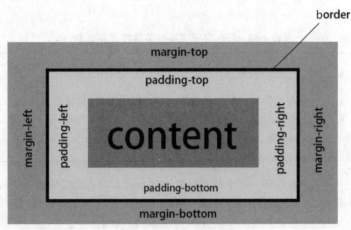

图 4-29　CSS 盒子模型

什么是块级元素和行内元素呢?

在 HTML 中,块级元素独占一行,其后的元素只能另起一行,呈垂直方向布局,其元素的宽高可以设置,没有设置宽度时,默认为父元素的宽。在块级元素中可以包含块级元素和行内元素。常见块级元素有 div、h1、p、ul、ol 等。

而行内元素可以和其他的元素同占一行,呈水平方向布局。其元素的宽高不能设置,元素的宽由包含的文字和图片大小来决定。在行内元素中只能包含行内元素和其他数据。常见行内元素有 span、br、a、img 等。两者的区别如图 4-30、图 4-31 所示。

```html
<html>
<head>
    <title>区别</title>
    <style type="text/css">
        .div1{background-color: blue;}
        .span1{background-color: red;}
    </style>
</head>
  <body>
    <div class="div1">块级元素1</div>
    <div class="div1">块级元素2</div>
    <span class="span1">行内元素1</span>
    <span class="span1">行内元素2</span>
  </body>
</html>
```

图 4-30　块级元素和行内元素区别代码片段

图 4-31　块级元素和行内元素区别

在了解了块级元素和行内元素的基础上,我们现在来了解一下 CSS 盒子模型的各种属性,见表 4-11。

表 4-11　CSS 盒子模型相关属性及其说明

属性	说明
margin:外边距	在 CSS 中用于控制块级元素之间的距离,背景透明不可见。margin 元素包括 margin-left(距左元素块距离)、margin-right(距右元素块距离)、margin-top(距上元素块距离)、margin-bottom(距下元素块距离)
padding:内边距(填充)	在 CSS 中用于控制元素边框与元素内容之间的空间。padding 元素包括 padding-left(距左内边距)、padding-right(距右内边距)、padding-top(距顶部内边距)、padding-bottom(距底部内边距)
border:边框	在 CSS 中可以设置对象边框的特性。宽度:border-width;上边框宽度:border-top-width;下边框宽度:border-bottom-width;左边框宽度:border-left-width;右边框宽度:border-right-width。还有其他设置,如颜色、边框样式等
content:内容	用于放置想要显示的文本和图片

我们知道,CSS 尺寸属性用来设置指定元素的高度和宽度,同时也可以用来增加行间距。但是当指定一个 CSS 元素的宽度和高度属性时,只是设置其内容区域的宽度和高度,而其内外边距、边框并未被指定。那么一个完整元素的大小应该为多少呢? 我们给出如下的公式:

完整元素宽度＝内容宽度＋左内边距＋右内边距＋左边框＋右边框＋左外边距＋右外边距

完整元素高度＝内容高度＋顶部内边距＋底部内边距＋上边框＋下边框＋上外边距＋下外边距

而对于 margin 和 padding 属性的表达方式有三种:

● auto:浏览器默认的合适值。

● 用像素值表示长度。如 margin-top:20px,表示距上元素块 20px 长。

● 百分比:基于父元素的内外边距宽度的百分比。如 margin-left:10%,表示距离左元素块的距离是父元素块的 10%。

而想要同时表示 4 个值时,语法为:

margin:离上元素块距离　离右元素块距离　离下元素块距离　离左元素块距离

如 margin:10px 9px 8px 7px。意思离上元素块距离为 10px,离右元素块距离为 9px,

离下元素块距离为 8px，离左元素块距离为 7px。

与尺寸相关的其他属性见表 4-12。

表 4-12　与尺寸相关属性及其说明

属性	说明
height	设置元素的高度
width	设置元素的宽度
line-height	设置行高
max-height	设置元素的最大高度
max-width	设置元素的最大宽度
min-height	设置元素的最小高度
min-width	设置元素的最小宽度

CSS 尺寸的声明举例如下：

```
img.1 {
    height：auto
}

img.2{
    height：300px
}

img.3{
    height：20％
}
```

在这段代码中，通过 CSS 选择器对 3 个图片分别进行高度设置。要注意的是，尺寸取值的表达方式和上面讲到的 margin 和 padding 属性的表达方式相同：用 auto 表示；用像素单位 px 绝对长度表示；用百分比"％"相对长度单位表示，描述的是相对于父元素的百分比值。

而 line-height 较为特殊，它的尺寸取值除了以上方式外，还可直接用数值表示。1 是默认大小，其他数值则是相对 1 即默认行高的比值。

3. 位置

CSS 有 3 种基本的定位机制：普通流、浮动和绝对定位。在没有专门指定的情况下，HTML 页面中的所有框默认处在文档流的位置。

控制元素的位置，需要用到定位属性。定位属性又包括 3 种：(1)相对定位。相对定位是指指定元素相对于它在普通流中的位置进行偏移，使用相对定位的元素不管是否移动，它原来的位置仍会被占据，而移动元素会导致它覆盖其他的框。(2)绝对定位。绝对定位是指指定元素相对于已定位的最近的祖先元素进行偏移，如果没有最近的且已定位的父级元素，则会相对于 body 移动。绝对定位的框脱离了原始的文档布局，并能够任意移动，可覆盖页面上的其他元素。(3)固定定位。固定定位的元素的相对对象是浏览器。

定位方式 position 的属性有 static、absolute、relative、fixed，见表 4-13。

表 4-13　定位方式属性及其说明

定位方式	说明
static	表示默认值,元素处于正常的普通流位置中
absolute	采用绝对定位,相对于除 static 定位以外的最近的父元素进行定位。元素的位置通过 left、top、right 以及 bottom 属性进行绝对定位
relative	采用相对定位,相对于原本普通流进行定位。元素的位置通过 left、top、right 以及 bottom 属性进行相对定位
fixed	采用绝对定位,相对于浏览器窗口,页面滚动时,元素不能随之滚动。元素的位置通过 left、top、right 以及 bottom 属性进行绝对定位

元素位置属性有 top、right、bottom、left。它们和定位方式共同决定元素的位置。

可用这几种方法来表达偏移的大小:表默认值;固定的像素值大小;百分比。

示例如图 4-32 所示。

```
<!DOCTYPE html>
<html>
<head>
<style >
 h1{
    position:absolute;
    right:100px;
    top:150px
 }
</style>
</head>
 <body>
    <h1>这是绝对定位</h1>
</body>
</html>
```

图 4-32　定位属性代码片段

```
<html>
<head>
<style type="text/css">
img {
float:right
}
</style>
</head>
<body>
<img src="/1.gif" />
</body>

</html>
```

图 4-33　浮动属性代码片段

在该段代码中,将 h1 元素位置设置为绝对定位,距顶部距离为 150 像素,距右边框距离为 100 像素。

除了定位属性 position 外,还有浮动属性 float 能够对元素的位置进行设置。使用浮动属性的浮动框脱离文档流,可以向左或向右浮动,直到它的外边缘碰到包含框或另一个浮动框的边框为止。

语法形式为:

向左浮动表示为:float:left

向右浮动表示为:float:right

示例如图 4-33 所示。

如图 4-34 所示,原本应处于普通流位置的图片在使用浮动属性后,浮动到了浏览器窗口右边。而讲到浮动属性 float,就会讲到另外一个属性:清除属性 clear。

图 4-34　浮动属性效果

清除元素用于指定一个元素周围不能出现浮动元素。语法形式为:

clear:none 表示两边都可允许出现浮动元素,是默认值。

clear:both 表示两边都不允许出现浮动元素。

clear:left 表示左边不允许出现浮动元素。

clear:right 表示右边不允许出现浮动元素。

示例如图 4-35 所示。

```html
<html>
<head>
<style type="text/css">
    p{clear:left}
    img {float:left}
</style>
</head>
<body>
    <img src="1.jpg">
    <p>通过清除属性来使文字右边不允许出现浮动元素。<br>
通过清除属性来使文字右边不允许出现浮动元素。<br>
通过清除属性来使文字右边不允许出现浮动元素。<br>
通过清除属性来使文字右边不允许出现浮动元素。<br>
通过清除属性来使文字右边不允许出现浮动元素。<br>
通过清除属性来使文字右边不允许出现浮动元素。<br>
通过清除属性来使文字右边不允许出现浮动元素。<br></p>
</body>
</html>
```

图 4-35　清除属性代码片段

如图 4-36 所示,原本应该浮动在文字左边的图片,在 p 元素用了 clear:left 之后,不允许浮动在其左侧。

图 4-36　清除属性效果

4.3　实验 4_1:传统门户网站的一张"大众脸"

4.3.1　页面规划

我们将会做一个新闻门户网站来巩固我们这章所学,并了解如何对页面进行简单的规划。我们会用 DIV+CSS 来构建我们的网页格局。DIV 理解为网页的区块,比如盖房子,要把房子隔出客厅、卧室、厨房,DIV 就是将网页划分为不同区域,然后在不同区域放置不同的内容。

图 4-37 所示是一个新闻门户网站,其中包含登录条、标志、固定广告、菜单栏和内容。从上而下,传统的经典网页可以分为基本的页头、主体、页尾三个部分,各个部分又可以细分。

图 4-37　传统门户网站效果

网页的页头称为 header。标志 logo、登录条 loginbar、页面横幅广告 banner、菜单栏等内容都可以放在页头。

网页的主体是网页的内容部分，称为 content。一般地，可以把 content 分为两到三个竖列，包括侧栏 sidebar、栏目 column 等。

网页的页尾称为 footer，它包含网站创作者的名称和联系方式，以及版权所属、工商局备案信息，也可放一些导航链接（上面的网站没有加 footer）。

4.3.2　基准的选择

不同的显示器的尺寸不一样，所以不能以 body 为基准，而应该自己再另外指定一个 DIV，以这个 DIV 当作基准画布。

4.3.3　DIV+CSS 实现自定义布局

DIV+CSS 是现在最流行的一种网页布局格式。相对传统的布局方式，它存在许多的优点。首先，我们来认识一下 div。

div 是 XHTML 的一个标记，本身属于容器，因此可以内嵌 table、文本和其他 HTML 代码。

整个网站页面从头到尾会包在一个 div 中，然后对 div 居中，就可以保证网站在浏览器中是居中的（示范新闻网站里面的内容并没有进行居中处理）。网站的头部菜单用到一个 div。因为上面都是横排一行一行的，可以根据个人习惯，把 Flash 和菜单、AD（广告）放一起。下面的分栏放在一个 div 里面，div 中有左边和右边的页面。代码如图 4-38 所示。

```
<div style="border:1px solid #000000;height:40px;background-color: #000000">
<p style="text-align:right;color: #FFFFFF">登陆 注册</p>
</div>
<div>
        <p style="font-size: 14px;text-align: center">
        新闻｜体育｜娱乐｜财经｜股票｜科技｜手机｜直播｜视频｜旅游｜房产｜健康｜理财｜海淘｜时尚

    </div>

    </head>
<body>
<div style="border:1px solid #EB272B;position:relative;top:35px">

</div>
            <td>
                <img src="01. jpg" width="1200" height="125" alt="" style="position:relative;left:50px;top:40px">
            </td>
            <td>
                <img src="02. jpg" width="250" height="50" alt="" style="position:relative;left:60px;top:60px">
            </td>
    <div style="border:1px solid #EB272B;position:relative;top:60px">

</div>
<div style="font-size:20px;font-weight:700;text-align:center;color:#5B5B5B;position:relative;top:66px">
    首页｜滚动｜国际｜社会｜图片｜视频｜历史｜文化｜公益
</div>
    <p style="border-bottom:1px inset #4E4A4A;position:relative;top:65px">
    </p>
        <div style="border:1px solid #FFFFFF;position:relative;top:68px;width:600px">
        <div style="border:2px solid #FFFFFF;width:600px">
                <span style="font-size:30px;font-weight:900;">习近平举行仪式欢迎美国总统特朗普访华
                </span>
        </div>
        <div style="border:1px solid #FFFFFF;width:580px">
                <ul type="square">
                <li style="font-size: 20px;color:#313131">特朗普:中美贸易关系单边 不怪中国｜特朗普推特背景赞中国</li>
                <li style="font-size: 20px;color:#313131">特朗普被中国三军仪仗队"圈粉"｜白宫给中国发来封感谢信</li>
                </ul>
        </div>
        <div style="border:2px solid #FFFFFF;width:600px">
                <span style="font-size:30px;font-weight:900>商家备战双11 "淘宝村"熟练工月薪过万
                </span>
        </div>
        <div style="border:1px solid #FFFFFF;width:580px">
                <ul type="square">
                <li style="font-size: 20px;color:#313131">"双十一"来袭! 这份购物指南为你保驾护航</li>
                <li style="font-size: 20px;color:#313131">一到十一月, 你就变成了自走人形购物车</li>
                </ul>
        </div>
        <div style="border:5px solid #FFFFFF;width:580px">
```

图 4-38　网站代码片段

85

那么什么时候用 div、p 和 img 呢？当包含的标签很多，又属于一个整体的时候，就可以放在 div 里面。但如果只有一张图，或只有一句话，就可以不用 div，直接用 p 标签就行了。

div 的作用是划分区块，不要把 div 应用到具体的元素上，比如单个文字、单个图片不要放到单个的 div 中去，虽然也能达到效果，但是效率低、麻烦。

在 DIV＋CSS 中，div 最大的作用就是用来布局。而在实现自定义布局之前我们要了解，网页和 doc 文档一样，无非是图文混排，其朴素哲学思想体现为仅仅只有行元素和块元素，以及它们的派生元素。我们需要知道各种元素的位置，实现布局。

图 4-39 所示为框架示范。

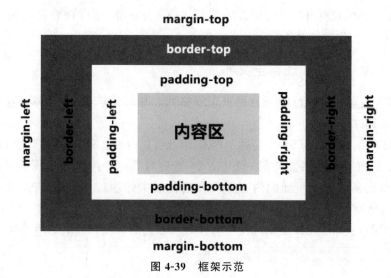

图 4-39 框架示范

元素的位置 position 属性取值有如下几种：

(1)static(默认)。默认文档流位置。不写 position，等价于写了 position：static。位置由代码在文档流中的顺序决定。

(2)relative，相对定位。相对自己在文档流中的原始位置进行偏移，偏移根据 top、bottom、left、right 属性的值决定。该元素仍然在文档流中，但是文档流中的其他元素认为它仍然在原始位置。

(3)absolute，绝对定位。设定了 absolute 之后，该元素脱离文档流，意味着文档流中其他元素视该元素不存在(其实存在于另外一个图层，而且是悬浮在更上层的图层)。

如果没有进一步设定偏移，则该元素的位置由前面瀑布流的特性所决定(不受后面瀑布流的影响，也不对后面瀑布流造成影响)。

如果设定了偏移，则相对于第一个设定为 relative 的父容器进行偏移；如果所有父容器都没有设定为 relative，则相对于 body 偏移。

＜div style＝"border：1px solid blue；width：960px；height：1600px；margin：0 auto；position：relative；"＞

　　＜div style＝"border：1px solid blue；width：300px；height：100px；"＞

　　1

　　＜/div＞

```
<div style="border：1px solid blue；width:302px；height:100px；position:absolute;">
2
</div>
<div style="border：1px solid blue；width:300px；height:100px；position:absolute;">
3
</div>
</div>
```

(4)fixed,固定定位(广告位)。脱离文档流,只相对于窗口屏幕定位(实践证明,body 代表的是浏览器客户区,客户区可以占据多个屏,通过滚条滚动。当网页高度很小时,一个网页只占一屏,给用户一种客户区就是屏幕的假象。如果网页很高,则一个 body 占据多个屏幕,这个时候才能察觉出 body 和屏幕不同)。

```
<div style="border:1px solid blue；width:300px；height：100px；position:fixed；
top:200px；left:600px;">
我就是传说中的广告位
</div>
```

(5)万能布局。万能布局的代码片段如图 4-40 所示,效果如图 4-41 所示。

```
1   <!doctype html>
2 ▼ <html>
3 ▼ <head>
4   <meta charset="utf-8">
5   <title>万能布局</title>
6   </head>
7
8 ▼ <body>
9 ▼     <div style="border:1px solid blue;width:1200px;height:1600px;margin:0 auto;position:relative;">
10 ▼        <div style="border:1px solid blue;width:300px;height:600px;margin:0 auto;position:
           absolute;top:20px;left:20px;">
11             <div style="border:1px solid blue;width:100px;height:100px;margin:0 auto;position:
               absolute;top:20px;left:20px;">
12             </div>
13         </div>
14     </div>
15 </body>
16 </html>
17
```

图 4-40　万能布局代码片段

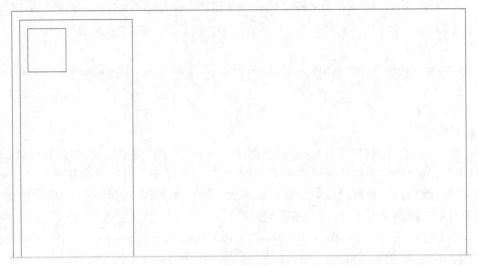

图 4-41　万能布局效果

　　总结:整个大型网页容器设定为 relative,中型容器设定为既是 relative 又是 absolute,具体元素设定为 absolute,一样可以两全其美:让中型容器相对于大型容器自由偏移,让具体元素在中型元素中自由偏移(最上层的画布容器为 relative,子容器为 absolute,可以实现万能自定义布局)。总而言之,DIV+CSS 的自定义布局,就是利用 DIV 的布局功能和 CSS 丰富的样式表来完成的。

第 5 章　网页客户端行为——JavaScript 编程

5.1　学习编程语言的三重门——以 JavaScript 为例

学习陌生的知识,最重要的是首先从宏观上知道它能做什么(为什么),它的宏观组成成分,以及如何以既有的经验展开最高效的学习。基于这种思路,笔者总结了学习任何编程语言的三重门:

第一重门,哲学视角:编程语言能干什么、不能干什么,为什么?

第二重门,物理学视角:编程语言的宏观组成有哪些?

第三重门,语言学视角:编程语言如何作为语言来学习?

在笔者已经出版的《高级语言程序设计(C 语言)》《新媒体数据挖掘——基于 R 语言》等书中,同样遵循这样的设计原则,广受好评。这里以 JavaScript 为例,遵循着 JavaScript 语言的运行场景和功能受限、JavaScript 语言的 API 构成、JavaScript 语言和英语语法的比较学习为三大主线,带领大家快速掌握 JavaScript 编程语言的本质与学习精髓。

5.1.1　第一重门,哲学视角:编程语言能干什么、不能干什么,为什么

JavaScript 最早是由 Netscape Communication(网景)公司开发出来的一种客户端脚本语言,将 JavaScript 代码直接嵌入在 HTML 页面中,能对 HTML 页面中的 HTML、CSS 和 JavaScript 本身进行增加、删除、修改、查询等操作,使得客户端静态页面变成支持用户交互并响应相应事件的动态页面(DHTML = HTML + CSS + JavaScript)。它的出现弥补了 HTML 语言的缺陷,使得开发客户端 Web 应用程序成为可能。

HTML Web 运行在浏览器中,这就是说浏览器是 Web 的实际运行环境。如图 5-1 所示,如果将运行环境视为一个京剧表演的舞台,则在这个舞台上有网页内容 HTML(演员)、网页样式 CSS(演员的扮相)、网页行为 JavaScript(演员的动作)。JavaScript 只能在自己的舞台上表演,能对舞台上的既有存在(HTML、CSS、JavaScript)进行操作(增、删、改、查),而不能跨越到舞台外面表演(功能受限,JavaScript 程序不能操作浏览器之外的事物)。

更进一步思考与观察,会发现

图 5-1　JavaScript 编程语言的运行场景就如同一个京剧舞台

两个有趣的现象：

● 当网站被服务器软件架设起来时（如同京剧正式开演），由于遵守网络安全协议，JavaScript 这个演员的功能受限于表演的舞台（也就是浏览器客户区）。也就是说，此时 JavaScript 是存在功能受限的，能对 HTML、CSS、JavaScript 进行增删改查，而不能对浏览器客户区之外做任何事情，如不能操作硬盘等本地资源等。为了在互联网上搭建网站，让所有人都能看到的，还需要租用域名、空间。

● 当直接双击运行本地 Web 文件时（如同京剧在做排练），JavaScript 的功能相对不受限制。此时 JavaScript 可以访问本地资源，如读取本机 IP、操纵本地文件系统等。但这样架设的 Web 不能被他人通过网络访问，也不能被百度检索。事实上，我们可以在本地放置无数个网页，只要我们的硬盘容量足够大。

5.1.2　第二重门，物理学视角：编程语言的宏观组成有哪些

要执行 JavaScript 脚本语言，必须先安装解释器（Runtime，可视为"客观存在"），然后才能调用和运行编程接口（API，可视为"主观能动"）。作为 JavaScript 程序员，我们其实只需要关注 JavaScript API，事实上如不做另外强调，我们常说的 JavaScript 也仅指 JavaScript API（后面将不再重复强调）。

图 5-2　**JavaScript 的语言构成**

JavaScript API 包含了三个部分的内容：JavaScript 脚本语言规范 EMCAScript API（语言核心）、文档对象模型 DOM API（以面向对象的方式操纵文档内容）、浏览器对象模型 BOM API（以面向对象的方式操纵浏览器窗口元素），如图 5-2 所示（后续都将省略"API"）。

1. 语言核心 EMCAScript

EMCA 是欧洲计算机制造商协会（European Computer Manufacturers Association）的缩写，EMCAScript 就是这个协会制定的标准化脚本语言。我们知道，JavaScript 是一门编程语言，而每一种语言都有它自己的基本语法如数据类型等，这些概念必须遵循一定的规范，浏览器开发者要严格依据这个规范来开发编译器，JavaScript 程序员要严格依据这个规范来调用 API。也就是说，EMCAScript 是 JavaScript 的语法规范，规定了 JavaScript 脚本的核心内容。打个比方，新华字典（图 5-3）规定了"血"这个字，而无论在"血液"中的读"xuè"，还是在"血晕"中的读"xiě"。新华字典规范了汉字，EMCAScript 规范了 JavaScript。

图 5-3　**新华字典也算是一种语言规范**

2. 文档对象模型 DOM

文档对象模型（document object model）是针对 HTML 和 XML 文档的应用程序编程接口。如图 5-4 所示，DOM 把整个页面规划成由多个节点构成的文档，我们可以用 DOM API 将页面内容绘制成一个树状图。在这种模

型下,页面中的每个部分都是可用程序操纵的节点,我们可以通过 DOM 来方便地控制页面的结构和内容(增加、删除、修改、查询等),如我们就可以用 document.getElementById()通过 id 号来查询文档中的元素。DOM 使得用户页面可以动态地变化,用户可以和 Web 文档内容进行交互。

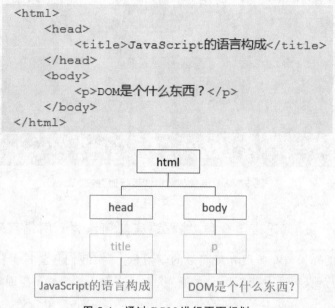

图 5-4　通过 DOM 进行页面规划

3. 浏览器对象模型

浏览器对象模型 BOM(browser object model)是针对浏览器的应用程序编程接口。我们可以通过 BOM 对浏览器窗口进行访问和操作,例如弹出新的浏览器窗口,移动、关闭和更改浏览器窗口,提供详细的网络浏览器信息(navigator object)、详细的页面信息(location object)、详细的用户屏幕分辨率的信息(screen object)等。BOM 方便我们从浏览器上获得信息,更好地和浏览器进行交互。例如,我们可以用 window.alert()弹出消息框,用 window.prompt()弹出提示框,使得用户可以和浏览器窗口进行交互。

4. 到底该如何理解 Runtime 与 API

任何一门编程语言都是由两个部分组成的:一部分是它客观存在的那部分,计算机专业的同学们通常将其称为"运行时(runtime)",是指运行由某种编程语言书写的代码解释执行机制;另一部分才是程序员可以实际编写与调用的部分,即"应用程序编程接口 API(application programming interface)"。这里我们可以用一个简单的例子来理解这两个晦涩的概念。相信大家平时都会看电视吧,如图 5-5 所示,在操纵电视的过程中,我们只需要操作遥控器便可以进行转台、调音量等操作,而完全不需要知道其中的原理。遥控器上的按钮就相当于用户跟电视机交互的一个接口,也就是我们上面提到的 API,这是与用户的主观意志有关的部分(例如程序员编写程序,又如你操纵遥控器可控制电视机);至于电视机内部的那些部分(变阻器、电容器、调谐调频器件等),是与用户的主观意志无关的客观存在的部分,就相当于"运行时"了。

图 5-5　看电视与 API、"运行时"的联系

5.1.3　第三重门,语言学视角:编程语言如何作为一门语言来学习

为了以既有的知识与经验展开最高效的学习,这一节我们将尝试着把 JavaScript 与我们熟悉的英语进行比较,看看能否融会贯通,从而不再对 JavaScript 望而却步,能像学习英语一样得心应手。

1. 编程语言语法类比英语语法

我们知道,人们从古代起就一直在思考物质的基本组成(图 5-6)。同样地,在英语中名词和动词就是构成一个简单句最基本的元素。"The moon rose.""Who cares!"等基本元素构成了英语中的一个个简单句,而在 JavaScript 的语法中,数据类型(字符串、数字、布尔、数组、对象、Null、Undefined 等)就相当于英语中的名词,运算符号(算术运算符、赋值运算符等)相当于动词,JavaScript 中的简单句就是利用运算符号将各种类型的数据连接起来的运算表达式。然而,类似于英语中不只有简单句,JavaScript 也需要表达一些更加复杂的逻辑,这时候我们便需要用到下面这三大流程控制语句。

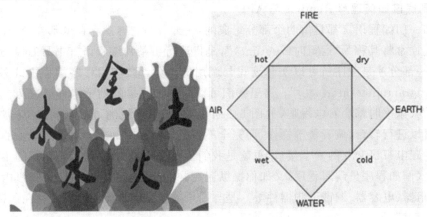

图 5-6　东西方古文化中关于物质基本组成的思考

2. 流程控制

流程控制,其实我们很熟悉,如图 5-7 所示。

流水账日记　　　　　如果拿我的矛插我的盾……　　第三个愿望是"再给我三个愿望"
顺序流程　　　　　　　选择流程　　　　　　　　　　循环流程

图 5-7　三大流程控制

(1)顺序控制语句

即按照书写顺序从上到下地来执行,每条语句只执行一遍,不重复也不遗漏。顺序流程是最基本也是默认的流程结构,无须赘述。

(2)选择控制语句

除了最简单的顺序控制语句之外,JavaScript 还定义了一些可以控制程序执行流程的语句,如选择控制语句和下面将要提到的循环控制语句。选择控制语句,顾名思义,即根据给定的条件进行判断之后再选择执行哪一个语句序列,又可以分成单路条件选择(图 5-8)、双路条件选择(图 5-9)和多重条件选择(图 5-10)。

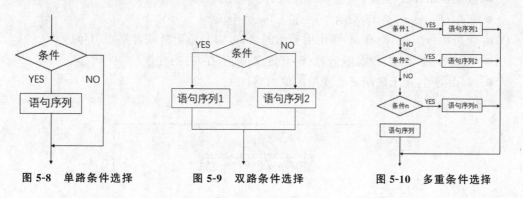

图 5-8　单路条件选择　　　**图 5-9　双路条件选择**　　　**图 5-10　多重条件选择**

(3)循环控制语句

相信大家都听说过阿拉丁神灯的故事,神灯里的精灵给予阿拉丁三次许愿的机会。我想如果我是阿拉丁,我的第三个愿望一定是:"请再给我三个许愿的机会!"这样下去便会循环往复一直执行许愿这个程序。循环控制语句也是这个道理,不断地执行循环体直至结果不满足表达式的判定,结束流程。循环控制语句也可分为三种类型,分别是 for 循环(用于预先知道循环次数的情况)、while 循环(用于不知道循环次数的情况,先判定再执行,如图 5-11 所示)和 do while 循环(同样用于不知道循环次数的情况,与 while 循环不同的是,do while 是不管是否符合条件,先执行一次再进行判定循环,如图 5-12 所示)。

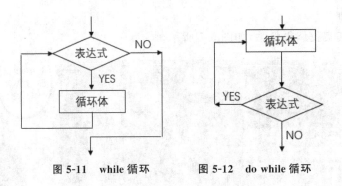

图 5-11　while 循环　　　　图 5-12　do while 循环

5.2　JavaScript 编程语言的语言学

5.2.1　名词——数据类型

JavaScript 是弱类型脚本语言，声明变量时无须指定变量的数据类型。既然是一种语言，那我们学习的时候，就可以拿我们曾经学习过的英语来对比。下面就让我们先来看一下 JavaScript 里面的名词——数据类型。

JavaScript 的数据类型由五种基本数据类型、对象及数组组成。

1. 五种基本数据类型

● 数值(number)类型：有整数及浮点数。

● 布尔(boolean)类型：只有 true 和 false 两个值。

● 字符串(string)类型：必须用引号引起来，可以是单引号或者是双引号。

● Undefined 类型：没有赋值过(没有定义过、不存在)的变量。

● Null 类型：用于表明某个变量的值为空。

如图 5-13 所示。

图 5-13　基本数据类型

(1)数值类型

JavaScript 的数值类型不仅包括所有的整型变量，也包括所有的浮点型变量，并且支持用科学计算法表示数值。

例如下面的代码：

```
<script type="text/javascript">
var x=6;
```

```
alert(x);
</script>
```

这样在运行之后,就会弹出一个数字 6。

(2)布尔类型

布尔类型的值通常是逻辑运算的结果,常用在条件测试中,或者用于标识对象的某种状态。

下面的代码是判断浏览器是否允许使用 Cookie。

```
<script type="text/javascript">
    if (navigator.cookieEnabled)
    {
        alert("浏览器允许使用 Cookie")
    }
    else
    {
        alert("浏览器禁用 Cookie")
    }
</script>
```

//navigator.cookieEnabled 这行代码通过 navigator 调用了 cookieEnabled 方法,此方法返回一个结果:true 或 false。

(3)字符串类型

字符串是储存字符(比如"JavaScript")的变量,字符串可以是引号中的任意文本。

JavaScript 以 String 内建类来表示字符串,String 类里包含了一系列方法操作字符串。

下面列举一些 String 类基本方法和属性操作字符。

charAt():获取字符串特定索引处的字符。

charCodeAt():返回字符串特定索引处的字符所对应的 Unicode 值。

length:直接返回字符串的长度。

toUpperCase():将字符串的所有字母转换成大写字母。

toLowCase():将字符串的所有字母转换成小写字母。

fromCharCode():将 Unicodo 值转换成字符串。

indexOf():返回字符串中特定字符串第一次出现的位置。

lastIndexOf():返回字符串中特定字符串最后一次出现的位置。

substring():返回字符串的某个子串。

slice():返回字符串的某个子串,功能比 substring 更强大,支持负数参数。

search():在一个字符串中查找关键词子字符串,若匹配(即在目标字符串中成功找到关键词),则返回关键词在目标字串中第一次出现的位置序列;反之,如果不匹配,就返回-1。

match():也是在目标字符串中寻找与关键词匹配与否的一个方法,但它的强大功能在于通过关键词的规则创建可以实现复杂搜寻功能,非常灵活。在不建立规则前提下,match()可当作 search()来使用,语法也一样;不同的是,它返回的是关键词自身(若匹配)和 null(若不匹配)——但这没有关系,如果只是为了检测匹配。

concat():用于将多个字符串拼加成一个字符串。

split():将某个字符串分隔成多个字符串,可以指定分隔符。

replace():将字符串中某个子串以特定字符串替代。

注意:字符串的拼接使用"＋"号,但请留意,在数值的计算中,符号"＋"代表数学意义上的加号,会对符号两边进行加法运算。

例如:

1＋2＝＞3

"hello"＋"world"＝＞"hello world"

"1"＋"2"＝＞"12"

(4)undefined 类型

此类型的值只有一个 undefined,该值用于表示某个变量不存在,或者没有为它分配值,也用于表示对象的属性不存在。

(5)null 类型

null 用于表示变量的值为空。上面提到的 undefined 和 null 差别不大,但总的来说,undefined表示没有为变量设置值或属性不存在;而 null 表示变量有值,但是其值为空。

2. 对象和类

JavaScript 中所有事物都是对象:字符串、数字、数组、日期等。对象拥有属性及方法,其中对象的命名变量是属性,对象中的函数则称为方法。

不同于纯粹面向对象的编程语言,JavaScript 是一种"基于对象的编程语言",它允许直接构建一个含方法的对象,而不必先构建类再构建对象,代码如下所示:

```
<script>
    var box＝
    {
        name:'abc',
        age:28,
        run:function()
        {
            return this.age;//'123';
        }
    }
    alert(box.name);
    var age＝box.run();
    alert(age);
</script>
```

JavaScript 虽然没有 class 关键字,但也可以通过原型(prototype,JavaScript 的高级语法)自定义一个 JavaScript 类,代码如下所示:

```
<script>
    function Student(){this.name＝"原始姓名";}
    //定义同名构造函数,给 Student 类添加成员变量
    Student.prototype.say＝function(){alert("安静! 你承不承认我正在编程?");}
    //给 Student 类定义成员函数
```

```
var a＝new Student();//创建该类的实例(对象)
a.name＝"王小峰";
alert(a.name);
a.say();
</script>
```

3. 数组

如图 5-14 所示,数组是一组逻辑相关的变量的集合(类型可以相同,也可以不同)。它是有序的,下标从 0 开始,并且数组中的元素可以是不同类型的(即数组的元素可以是另外一个数组或者对象)。

图 5-14　数组:多个变量的集合

定义一个数组有以下三种方法。

```
var a＝[1,2,3];
var b＝[];
var c＝new Array();
```

其中的 b、c 都是空数组,可以直接为数组赋值:

```
b[0]＝7;
b[1]＝3;
c[0]＝"hello";
c[1]＝"world";
```

归纳起来,数组具有以下三个特点:

(1)数组的长度可变。数组的总长度等于所有元素索引最大值＋1。

(2)同一个数组中的元素类型可以互不相同。

(3)访问数组元素时不会产生数组越界,访问并未赋值的数组元素时,该元素的值为undefined。

5.2.2　动词——运算符号

上面我们已经了解到了 JavaScript 里面的名词,下面让我们来了解一下 JavaScript 里面的动词——运算符号。就像英语语法里面的动词一样,JavaScript 里面的运算符号是将变量连接成语句,而语句是 JavaScript 代码中的执行单位。

JavaScript 里面的运算符分为赋值运算符、算术运算符、关系运算符、逻辑运算符、条件运算符、位运算符等多种。

1. 赋值运算符

用于为变量指定值。使用"＝"作为赋值运算符。

下面的代码用来演练一下赋值运算符的使用方法。

①var a＝"JavaScript"；(把变量 a 赋值为字符串"JavaScript")

②var b＝"Html"；

　var c＝b；(把变量 b 赋值，并把变量 b 的值赋给变量 c)

③var d＝e＝f＝g＝"Css"；(同时给 d、e、f、g 四个变量赋值)

④var h＝1；

　var i＝h＋5；(将表达式的值赋给变量)

2. 算术运算符

JavaScript 支持所有的基本算术运算符，可以用来执行基本的数学运算。下面用代码来演示一下 7 个基本的算术运算符。

(1)加法运算符(＋)：

var a＝1；

var b＝5；

var add＝a＋b；

alert(add)；

会弹出 add 的值 6。

(2)减法运算符(－)：

var c＝7；

var d＝2；

var reduce＝c－d；

alert(reduce)；

会弹出 reduce 的值 5。

(3)乘法运算符(＊)：

var e＝2；

var f＝4；

var product＝e＊f；

alert(product)；

会弹出 product 的值 8。

(4)除法运算符(/)：

var g＝12；

var h＝8；

var div＝g / h；

alert(div)；

会弹出 div 的值 1.5。

(5)求余运算符(％)：

var i＝5.2；

var j＝3.1；

var mod＝i％j；

alert(mod);

会弹出 mod 的值 2.1。

（6）自加运算符（＋＋）

这个是单目运算符，运算符可以出现在操作数左边，也可以出现在右边，其效果不同，但是目的都是将操作数的值加 1。

var a＝5；

var b＝a＋＋＋6；

alert(a＋"\n"＋b);

弹出的 a 的值为 6,b 的值为 11。

当＋＋出现在 a 的左边时：

var a＝5；

var b＝＋＋a＋6；

alert(a＋"\n"＋b);

弹出的 a 的值为 6,b 的值为 12。

根据上面的代码实验可以总结得出，当"＋＋"出现在操作数的左边时，先执行自加，然后再执行算术运算；当"＋＋"出现在操作数右边时，先执行算术运算，再进行自加。

（7）自减运算符（－－）

这个也是单目运算符，效果与上面的自加运算符基本相似，只是目的是将操作数减 1。

JavaScript 并没用提供其他更加复杂的运算符，如果要执行乘方、开方等运算，需要使用 Math 类代码。

其中，Math.pow()是乘方，Math.sqrt()是开方，Math.random()是求随机数。

3. 位运算符

JavaScript 里面大致有以下 7 个位运算符。

（1）&:按位与。

（2）|:按位或。

（3）～:按位非。

（4）^:按位异或。

（5）<<:左位移运算符。

（6）>>:右位移运算符

（7）>>>:无符号右移运算符。

表 5-1 就是位运算符的运算结果。

表 5-1　位运算符的运算结果

操作数 1	操作数 2	按位与	按位或	按位异或
0	0	0	0	0
0	1	0	1	1
1	0	0	1	1
1	1	1	1	0

4. 加强的赋值运算符

赋值运算符可以和算术运算符、位运算符等结合，从而变成功能更加强大的运算符。下面给大家列举一些出来：

- +＝：对于 a＋＝b，对应为 a＝a＋b。
- －＝：对于 a－＝b，对应为 a＝a－b。
- *＝：对于 a*＝b，对应为 a＝a*b。
- /＝：对于 a/＝b，对应为 a＝a/b。
- %＝：对于 a%＝b，对应为 a＝a%b。
- &＝：对于 a&＝b，对应为 a＝a&b。
- |＝：对于 a|＝b，对应为 a＝a|b。
- ^＝：对于 a^＝b，对应为 a＝a^b。
- <<＝：对于 a<<＝b，对应为 a＝a<<b。
- >>＝：对于 a>>＝b，对应为 a＝a>>b。
- >>>＝：对于 a>>>＝b，对应为 a＝a>>>b。

5. 关系运算符

关系运算符用于判断两个变量或常量的大小，如"＝＝""＞""＜""＞＝""＜＝""！＝"等，其运算的结果是布尔值。

6. 逻辑运算符

用于操作两个布尔型的变量或常量。主要有以下三个。

(1) &&：与，必须前后两个操作数都为 true 才返回 true，否则返回 false。

(2) ||：或，必须前后两个操作数都为 true 才返回 true，否则返回 false。

(3) !：非，只操作一个数，如果操作数为 true，返回 false，否则返回 true。

7. 三目运算符

三目运算符只有一个"?:"，类似于"if else"。

```
<script type="text/javascript">
    6>3? alert("6>3"): alert("6<3")
</script>
```

若执行上面的代码，会弹出 6＞3。总结得出：三目运算符会对问号之前的表达式进行求值，如果返回 true，则执行第二部分；若返回 false，则执行第三部分。

8. 逗号运算符

此运算符可以简单地将表达式组合起来，它会按顺序执行多个表达式，并返回最后一个表达式的结果。

```
<script type="text/javascript">
    var a;
    var b=1,c=2,d=3
    a=(b++,c++,d++);
</script>
```

最后得到 a 的值为 3，b 的值为 2，c 的值为 3，d 的值为 4。a 之所以等于 3，是返回了表达式里的操作数。

9. void 运算符

void 是 JavaScript 中非常重要的关键字，该操作符指定要计算一个表达式但是不返回值。我们还是运用上面的例子,看加上了 void 会有什么不同。

```
<script type="text/javascript">
    var a;
    var b=1,c=2,d=3
    a=void(b++,c++,d++);
</script>
```

最后得到 a 的值为 undefined, b 的值为 2,c 的值为 3,d 的值为 4。即用了 void 运算符,只会对表达式进行运算,而不返回任何值。

10. typeof 和 instanceof 运算符

typeof 运算符用于判断某个变量的数据类型,既可以当函数来用,也可以当作一个运算符来使用。下面是此运算符的使用实例。

```
<script type="text/javascript">
    var a="hello world";
    var b=true;
    var c=6;
    alert(typeof(a)+"\n"+ typeof(b)+"\n"+ typeof(c));
</script>
```

最后会弹出 string、boolean 和 number,分别判断了变量 a、b、c 的数据类型。

而 instanceof 运算符则是判断某个变量是否为指定类,如果是,则返回 true,否则返回 false。

```
<script type="text/javascript">
    var a="hello world";
    alert(a instanceof Array);
    alert(a instanceof Object);
</script>
```

由于 JavaScript 中所有类都是 Object 的子类,而任何字符串属于 String 类,即第一个弹出 true;同时变量 a 是字符串,不是数组,不属于 Array 类,因此弹出 false。

JavaScript 支持的流程控制非常丰富,支持基本的分支语句,如 if、if…else 等;也支持基本的循环语句,如 while、for 等;还支持 for…in 循环等。对循环相关的 break、continue,以及带标签的 break、continue 语句也是支持的。

5.2.3　复合语句——流程控制

分支语句,主要有 if 语句和 switch 语句。其中 if 语句有如下 3 种形式。

1. if 语句

第一种形式:if 语句。

只有当指定条件为 true 时,该语句才会执行代码。

if (condition)
{
　　当条件为 true 时执行的代码

```
}
```

第二种形式：if…else 语句。

if…else 语句在条件为 true 时执行代码，在条件为 false 时执行其他代码。

```
if (condition)
{
    当条件为 true 时执行的代码
}
else
{
    当条件不为 true 时执行的代码
}
```

第三种形式：if…else if…else 语句。

使用 if…else if…else 语句来选择多个代码块之一来执行。

```
if (condition1)
{
    当条件 1 为 true 时执行的代码
}
else if (condition2)
{
    当条件 2 为 true 时执行的代码
}
else
{
    当条件 1 和条件 2 都不为 true 时执行的代码
}
```

通常，不要省略 if、else、else if 后执行块的花括号，但如果语句执行块只有一行语句时，则可以省略花括号。

2. switch 语句

使用 switch 语句来选择要执行的多个代码块之一。

switch 语句的语法格式如下：

```
switch(n)
{
    case 1：
        执行代码块 1
        break；
    case 2：
        执行代码块 2
        break；
    default：
```

　　　　与 case 1 和 case 2 不同时执行的代码

}

　　这种分支语句的执行是先对表达式求值，然后依次匹配条件 1、条件 2、条件 3 等条件，遇到匹配的条件即执行对应的执行体。如果前面的条件都没有正常匹配，则执行 default 后的执行体。请看以下的代码：

```
<script type="text/x-javascript">
    //声明变量 score,并为其赋值'c'
    var score='c';
    //执行 switch 语句
    switch(score)
    {
        case 'A': document.writeln("优秀.");
            break;
        case 'B': document.writeln("良好.");
            break;
        case 'C': document.writeln("中.");
            break;
        case 'D': document.writeln("及格.");
            break;
        case 'E': document.writeln("不及格.");
            break;
        default: document.writeln("成绩输入错误");
    }
</script>
```

　　以上代码是最基本的 switch 语句用法，与 Java 的 switch 语句类似。JavaScript 的 switch 语句中也可以省略 case 块后的 break 语句，如果省略了，JavaScript 将直接执行后面 case 块里的代码，不会理会 case 块里的条件，直到遇到 break 语句为止。

　　与 Java 中的 switch 语句不同的是，switch 语句里条件变量（就是 switch 后括号里的变量）的数据类型不仅可以是数值类型，也可以是字符串类型，如上面代码所示。

　　流程控制除了有基本的分支语句之外，还有循环语句，JavaScript 同样提供了丰富的循环语句支持。JavaScript 中的循环语句主要有 while 循环、do…while 循环、for 循环、for…in 循环。大部分时候，for 循环可以完全代替 while 循环、do…while 循环。

3. while 循环

while 循环的语法格式如下：

while(条件)

{

　　需要执行的代码

}

当循环体只有一行代码时，循环体的花括号可以省略。while 循环的作用是：先判断条

件逻辑表达式的值,当条件为 true 时,执行循环体;当条件为 false 时,则结束循环。可参考如下代码:

```
<! DOCTYPE html>
<html>
<head>
<meta charset="UTF-8">
<title>while 循环示例</title>
</head>
<body>
<p>点击下面的按钮,只要 i 小于 5 就一直循环代码块。</p>
<button onclick="myFunction()">点击这里</button>
<p id="demo"></p>
<script>
function myFunction(){
    var x="",i=0;
    while (i<5){
        x=x+"该数字为"+i +"<br>";
        i++;
    }
    document.getElementById("demo").innerHTML=x;
}
</script>
</body>
</html>
```

这是一个标准的 while 循环,对于 while 循环,值得注意的是,一定要让条件有为 false 的时候,否则循环将成为死循环,永远无法结束循环。

4. do…while 循环

do…while 循环与 while 循环区别在于:while 循环是先判断循环条件,只有条件为真时才执行循环体;而 do while 循环则先执行循环体,然后判断循环条件,如果循环条件为真,则执行下一次循环,否则终止循环(就像我们小时候学过的课文《小马过河》一样,过河前不知道河水有多深,要自己先试一试!)。do…while 循环的语法格式如下:

```
do
{
    需要执行的代码
}
while(条件);
```

如下为简单的 do…while 循环。

```
<! DOCTYPE html>
<html>
```

```
<head>
<meta charset="UTF-8">
<title>do while 循环示例</title>
</head>
<body>
<p>点击下面的按钮,只要 i 小于 5 就一直循环代码块。</p>
<button onclick="myFunction()">点击这里</button>
<p id="demo"></p>
<script>
function myFunction(){
    var x="",i=0;
    do{
        x=x+"该数字为"+i +"<br>";
        i++;
    }
    while (i<5)
    document.getElementById("demo").innerHTML=x;
}
</script>
</body>
</html>
```

与 while 循环类似的是,如果循环体只有一行语句,则循环体的花括号可以省略;与 while 循环区别在于:while 循环的循环体可能得不到执行,但 do…while 的循环体至少执行一次。

5. for 循环

for 循环是更加简洁的循环语句,大部分情况下,for 循环可以代替 while 循环、do…while 循环。for 循环的基本语法格式如下:

```
for(语句 1;语句 2;语句 3)
{
    被执行的代码块
}
```

与前面循环类似的是,如果循环体只有一行语句,则循环体的花括号可以省略。

for 后面的括号里只有两个分号是必需的,其他都可以省略。比如下面代码是没有语法错误的。

```
<script type="text/javascript">
    //下面的 for 循环是死循环
    for(;;)
        document.write(' count'+"<br />");
    //下面语句永远都无法执行到
```

```
document.write("Loop done");
</script>
```

for 后的括号里以两个分号隔开了三个语句,其中第一个语句是循环的初始化语句,每个循环语句只会执行一次,而且完全可以省略,因为初始化语句可以放在循环语句之前完成;第二个语句是一个逻辑表达式,用于判断是否执行下一次循环。因此,在通常情况下,第二个语句都是不可省略的,如果省略该循环条件,则循环条件一直为 true,也就变成了死循环。第三个语句是循环体执行完后最后执行的语句,这个语句也完全可以放在循环体最后执行。

6. for…in 循环

for…in 循环的本质是一种 forEach 循环,它主要有两个作用:

①遍历数组里的所有数组元素。

②遍历 JavaScript 对象的所有属性。

for…in 循环的语法格式如下:

```
for (index in object)
{
    statement…
}
```

与前面类似的是,如果循环体只有一行代码,则可以省略循环体的花括号。

当遍历数组时,for…in 循环计数器是数组元素的索引值。请看如下代码:

```
<script type="text/javascript">
    //定义数组
    var a=['hello','javascript','world'];
    //遍历数组的每个元素
    for(str in a)
        document.writeln('索引'+ str+'的值是:'+ a[str]+"<br/>");
</script>
```

此外,for in 循环还可遍历对象的所有属性。此时,循环的是该对象的属性名。请看如下代码:

```
<script type="text/javascript">
    //在页面输出静态文本
    document.write("<h1>navigator 对象的全部属性如下:</h1>");
    //遍历 navigator 对象的所有属性
    for(propName in navigator)
    {
        //输出 navigator 对象的所有属性名,以及对应的属性值
        document.write('属性'+propName+'的值是:'+navigator[propName]);
        document.write("<br />");
    }
</script>
```

代码的执行结果如图 5-15 所示。

图 5-15　遍历 navigator 对象的全部属性

navigator 是 JavaScript 的内建对象，关于 navigator 对象的介绍，请参考本书下一节的内容。

7. break 和 continue

break 和 continue 都可用于终止循环，区别是 continue 只终止本次循环，接着开始下一次循环（我们也可视 continue 为忽略本次循环剩下的执行语句）；而 break 则是完全终止整个循环，开始执行循环后面的代码。请看下面的代码：

```
<script type="text/javascript">
    // 以 i 为计数器循环
    for(var i=0 ; i<5 ; i++)
    {
        // 以 j 为计数器循环
        for(var j=0; j<5; j++)
        {
            document.writeln('j 的值为:'+j);
```

```
        // 当 i >=2 时候,使用 break 终止循环
        if(i >=2) break;
        document.writeln('i 值为:'+i);
        document.writeln('<br />');
    }
}
</script>
```

使用 break 终止循环,完全跳出循环体本身。当 i=2 时,嵌套循环的第一行代码可以执行,然后执行 break,跳出循环体。嵌套循环结束,外部循环计数器再次增加,即 i=3,依此类推。当 i 等于 2、3、4 时,嵌套循环都只执行一行代码,打印出 j 的值为 0。代码执行结果如图5-16 所示。

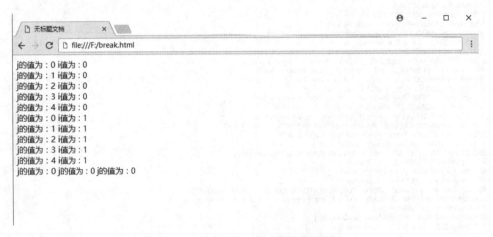

图 5-16 使用 break 终止循环的结果

使用 continue 中止循环的结果则完全不同,请看如下代码:

```
<script type="text/javascript">
    // 以 i 为计数器循环
    for(var i=0;i<5;i++)
    {
        // 以 j 为计数器循环
        for(var j=0; j<5; j++)
        {
            document.writeln('j 的值为:'+j);
            // 当 i >=2 时,使用 continue 终止本次循环
            if(i >=2) continue;
            document.writeln('i 的值为:'+i);
            document.writeln('<br />');
        }
    }
```

</script＞

使用 continue 仅仅终止本次循环(即略过本次循环剩下的语句),并不完全跳出循环体。当 i＝2 时,执行了嵌套循环的第一行代码,即使用 continue 跳出循环:终止本次循环,并不跳出循环体,而是开始第二次循环,还在嵌套循环内进行,此时 i 依然等于 2,j＝1,同样只能执行到第一行代码,再次终止本次循环,开始 j＝2 的循环。这就是使用 break 和使用 continue 的区别,图 5-17 是使用 continue 终止循环的结果。

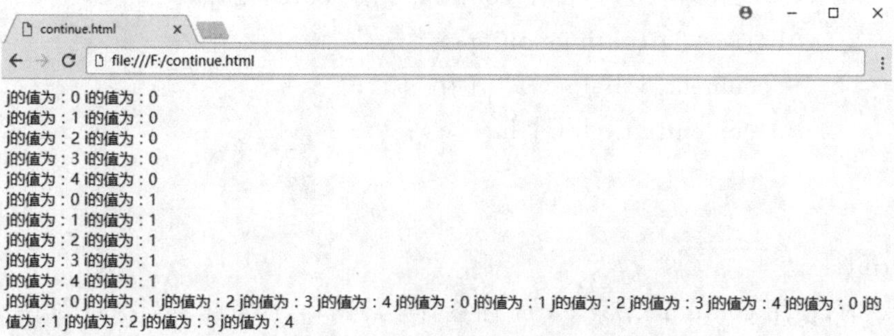

图 5-17   使用 continue 终止循环的结果

如果在 break 或 continue 后使用标签,则可以直接跳到标签所在的循环。至于使用 break 和 continue 的区别与前面类似,break 是完全终止标签所在的循环,而 continue 则是终止标签所在的本次循环。请看如下代码:

```
<script type="text/javascript">
    // 使用 outer 标签表明外部循环
    outer:
    for(var i=0;i<5; i++)
    {
        for(var j=0   ; j<5   ; j++)
        {
            document.writeln('j 的值为:'+j);
            // 当 j>=2 时,使用 break 跳出 outer 循环
            if(j>=2) break outer;
            document.writeln('i 的值为:'+i);
            document.writeln('<br />');
        }
    }
</script>
```

当 j＝2 时,使用 break 完全终止循环,break 后还有 outer 标签,这将完全终止 outer 标签对应的循环。即当 j＝2 时,仅执行了 document.writeln('j 的值为:'+j)代码,两层循环完全结束。

再请看如下代码:

```
<script type="text/javascript">
    // 使用 outer 标签表明外部循环
```

```
outer：
for(var i=0；i<5；i++)
{
    for(var j=0；j<5；j++)
    {
        document.writeln('j 的值为:'+j);
        // 当 j>=2 时,使用 continue 结束 outer 循环
        if(j>=2) continue outer;
        document.writeln('i 的值为:'+i);
        document.writeln('<br />');
    }
}
```
</script>

当 j=2 时,使用 continue 结束 outer 标签对应的循环,这意味着当执行到 j=2 时,outer 标签所在的外层循环的后面语句被忽略,也就是不再执行内部嵌套循环,而是直接把外层循环的计数器 i 加 1 后再次开始执行下一次的外层循环。

5.2.4 代码复用——函数

有次去看秦始皇兵马俑的展出,工作人员向我们讲述了秦国军队武器的过人之处。秦国军队使用的弩是当时世界上最先进的,但其实最先进的不是弩的制作工艺,而是制作过程中科学的管理制度。工匠们在制作弩的过程中,并不是每个工匠都独立制作一张完整的弩,而是每种工匠专职制作一种部件,最后进行拼接(如图 5-18 所示,纪录片《复活的军团》中展示了秦军弩机中的可动态拆卸部件)。这样进行分工后,每种工匠只需要专注于一种工作,技术相对更加娴熟,使得整个工作流程就是一种流水线作业,大大地提高了效率不说,培训这种工匠的成本也相对较低。而且因为每个工匠都只专注自己的那部分技术而并不明白其他部件的制作工艺,可以防止个人独立制作武器而造成不安全因素。上述的管理模式其实是一种模块化分工与合作的思想。为了在 JavaScript 语言中实现模块化的思想,就要用到函数。本节主要介绍函数的基础知识。

图 5-18 模块化编程——函数

JavaScript 是一种基于对象的脚本语言,它的代码复用的单位是函数,但它的函数比结构化程序设计语言的函数功能要丰富一些。JavaScript 语言中的函数就是"一等公民",它可以独立存在;而且 JavaScript 的函数完全可以作为一个类使用(而且它还是该类唯一的构造器);与此同时,函数本身也是一个对象,是 Function 实例。JavaScript 函数的功能非常丰富,如果要深入学习它,那就必须认真学习 JavaScript 函数。

1. 定义函数的三种方式

正如一组逻辑相关的同学形成一个班级,同理,一组逻辑相关的网页的集合就是网站。你可以编写一组网页,放在相应层次的文件夹下,就形成了自定义的网站,但是要让别人能

够通过互联网访问,还需要一些基础资源。正如前面所说,JavaScript 是弱类型语言,因此定义函数时,既不需要声明函数的返回值类型,也不需要声明函数的参数类型。JavaScript 目前支持 3 种函数定义方式。

(1)定义命名函数

定义命名函数的语法格式如下:

```
function functionName(parameter-list)
{
    statements
}
```

下面代码定义了一个简单的函数,并调用函数。

```
<script type="text/javascript">
    hello(' yeeku ');
    // 定义函数 hello,该函数需要一个参数
    function hello(name)
    {
        alert(name+",你好");
    }
</script>
```

函数最大作用是提供代码复用,将需要重复使用的代码块定义成函数,提供更好的代码复用。

函数可以有返回值,也可以没有返回值。函数的返回值使用 return 语句返回,在函数的运行过程中,一旦遇到第一条 return 语句,函数就返回返回值,函数运行结束。请看以下代码:

```
<script type="text/javascript">
    // 定义函数 hello
    function hello(name)
    {
        // 如果参数类型为字符串,则返回静态字符串
        if(typeof name==' string ')
        {
            return name+",你好";
        }
        // 当参数类型不是字符串时,执行此处的返回语句
        return '名字只能为字符串'
    }
    alert(hello(' yeeku '));
</script>
```

程序执行结果如图 5-19 所示。

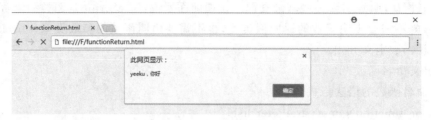

图 5-19　函数返回值

（2）定义匿名函数

JavaScript 提供了定义匿名函数的方式，这种创建匿名函数的语法格式如下：

function(parameter list)
{
    statements
};

这种函数定义语法无须指定函数名，而是将参数列表紧跟 function 关键字。在函数定义语法的最后不要忘记紧跟分号";"。

通过这种语法格式定义了函数之后，实际上就是定义了一个函数对象（即 Function 实例），接下来可以将这个对象赋给另一个变量。如有如下代码：

```
<script type="text/javascript">
    var f=function(name)
    {
        document.writeln('匿名函数<br />');
        document.writeln('你好'+name);
    };
    f('yeeku');
</script>
```

上面代码定义了一个匿名函数，也就是定义了一个 Function 对象。接下来将这个函数赋值给另一个变量 f，后面就可以通过 f 来调用这个匿名函数了。执行上面代码，可以看到图 5-20 所示的结果。

图 5-20　函数返回值

对于这种匿名函数的语法，可读性非常好：程序使用 function 关键字定义一个函数对象（Function 类的实例），然后把这个对象赋值给 f 变量，以后程序即可通过 f 来调用这个函数。

如果你是一个有经验的 JavaScript 开发者，或者阅读过大量优秀的 JavaScript 源代码（比如 jQuery 等），将会在这些源代码中看到它们基本都是采用这种方式来定义函数的。使用匿名函数的另一个好处是更加方便，当需要为类、对象定义方法时，使用匿名函数的语法能提供更好的可读性。

实际上 JavaScript 也容许将前面第一种方式定义的有名字的函数赋值给变量,如果将有名字的函数赋值给某个变量,那么原来为该函数定义的名字将会被忽略。例如有如下代码:

```
<script type="text/javascript">
    // 将有名字的函数赋值给变量 f,因此 test 将会被忽略
    var f=function test(name)
    {
        document.writeln('匿名函数<br />');
        document.writeln('你好'+name);
    };
    f('yeeku');
    // test 函数并不存在,下面代码出现错误
    test("abc");
</script>
```

上面代码定义了一个 test 函数,同时也将该函数赋值给变量 f,因此脚本中 test 函数将会消失,运行该程序,将会失败。

(3)使用 Function 类定义匿名函数

JavaScript 提供了一个 Function 类,该类也可以用于定义函数。Function 类的构造器的参数个数可以不受限制。Function 可以接受一系列的字符串参数,其中最后一个字符串参数是函数的执行体,执行体的各语句以分号";"隔开,而前面的各字符串参数则是函数的参数。请看下面定义函数的方式:

```
<script type="text/javascript">
    // 定义匿名函数,并将函数赋给变量 f
    var f=new Function('name',
        "document.writeln('Function 定义的函数<br />');"
        +"document.writeln('你好'+name);");
    // 通过变量调用匿名函数
    f('yeeku');
</script>
```

上面代码使用 new Function()语法定义了一个匿名函数,并将该匿名函数赋给 f 变量,从而容许通过 f 来访问匿名函数。

调用 Function 类的构造器来创建函数虽然能明确地表示创建了一个 Function 对象,但由于 Function()构造器的最后一个字符串代表函数执行体,当函数执行体的语句很多时,Function 的最后一个参数将会变得非常臃肿,因此用这种方式定义函数的语法可读性也不好。

2. 局部变量和局部函数

在函数里使用 var 定义的变量称为局部变量,在函数外定义的变量和在函数内不使用 var 定义的变量称为全局变量。如果局部变量和全局变量的变量名相同,则局部变量会覆盖全局变量。局部变量只能在函数里访问,而全局变量可以在所有函数里访问。

与此类似的概念是局部函数。局部变量在函数里定义,而局部函数也在函数里定义。下面代码就是在函数 outer 中定义了两个局部函数。

```javascript
<script type="text/javascript">
    // 定义全局函数
    function outer()
    {
        // 定义第一个局部函数
        function inner1()
        {
            document.write("局部函数 11111<br />");
        }
        // 定义第二个局部函数
        function inner2()
        {
            document.write("局部函数 22222<br />");
        }
        document.write("开始测试局部函数…<br />");
        // 在函数中调用第一个局部函数
        inner1();
        // 在函数中调用第二个局部函数
        inner2();
        document.write("结束测试局部函数…<br />");
    }
    document.write("调用 outer 之前…<br />");
    // 调用全局函数
    outer();
    document.write("调用 outer 之后…<br />");
</script>
```

在上面代码中,在 outer 函数中定义了两个局部函数:inner1 和 inner2,并在 outer 函数内调用了这两个局部函数。因为这两个函数是在 outer 内定义的,所以可以在 outer 内访问它们;在 outer 外,则无法访问它们。也就是说,inner1、inner2 两个函数仅在 outer 函数内有效。

注意:在外部函数里调用局部函数并不能让局部函数获得执行的机会,只有当外部函数被调用时,外部函数里调用的局部函数才会被执行。

3. 函数、方法、对象、变量和类

函数是 JavaScript 的"一等公民",是 JavaScript 编程里非常重要的一个概念。当使用 JavaScript 定义一个函数后,实际上可以得到如下四项:

对象:定义一个函数时,系统也会创建一个对象,该对象是 Function 类的实例。

方法:定义一个函数时,该函数通常会附加给某个对象,作为该对象的方法。

变量:在定义函数的同时,也会得到一个变量。

类:在定义函数的同时,也得到了一个与函数同名的类。

4. 函数的实例属性和类属性

由于 JavaScript 函数不仅仅是一个函数,更是一个类,该函数是此类唯一的构造器,只要在调用函数时使用 new 关键字,就可返回一个 Object。这个 Object 不是函数的返回值,而是函数本身产生的对象。因此在 JavaScript 中定义的变量不仅有局部变量,还有实例属性和类属性两种。根据函数中声明变量的方式,函数中的变量有三种。

局部变量:在函数中以 var 声明的变量。

实例属性:在函数中以 this 前缀修饰的变量。

类属性:在函数中以函数名前缀修饰的变量。

前面已经对局部变量做了介绍,局部变量是只能在函数里访问的变量,实例属性和类属性则是面向对象的概念:实例属性是属于单个对象的,因此必须通过对象来访问;类属性是属于整个类(也就是函数)本身的,因此必须通过类(也就是函数)来访问。

同一个类(也就是函数)只占用一块内存,因此每个类属性将只占用一块内存;同一个类(也就是函数)每创建一个对象,系统将会为该对象的实例属性分配一块内存。请看以下代码:

```
<script type="text/javascript">
    // 定义函数 Person
    function Person(national,age)
    {
        // this 修饰的变量为实例属性
        this.age=age;
        // Person 修饰的变量为类属性
        Person.national=national;
        // 以 var 定义的变量为局部变量
        var bb=0;
    }
    // 创建 Person 的第一个对象 p1。国籍为中国,年龄为 29
    var p1=new Person('中国',29);
    document.writeln("创建第一个 Person 对象<br />");
    // 输出第一个对象 p1 的年龄和国籍
    document.writeln("p1 的 age 属性为"+p1.age+"<br />");
    document.writeln("p1 的 national 属性为"+p1.national+"<br />");
    document.writeln("通过 Person 访问静态 national 属性为"
        +Person.national+"<br />");
    // 输出 bb 属性
    document.writeln("p1 的 bb 属性为"+p1.bb+"<br /><hr />");
    // 创建 Person 的第二个对象 p2
    var p2=new Person('美国',32);
```

```
document.writeln("创建两个 Person 对象之后<br />");
// 再次输出 p1 的年龄和国籍
document.writeln("p1 的 age 属性为"+p1.age+"<br />");
document.writeln("p1 的 national 属性为"+p1.national+"<br />");
// 输出 p2 的年龄和国籍
document.writeln("p2 的 age 属性为"+p2.age+"<br />");
document.writeln("p2 的 national 属性为"+p2.national+"<br />");
// 通过类名访问类属性
document.writeln("通过 Person 访问静态 national 属性为"
    +Person.national+"<br />");
</script>
```

Person 函数的 age 属性为实例属性,因而每个实例的 age 属性都可以完全不同,程序应通过 Person 对象访问 age 属性;national 属性为类属性,该属性完全属于 Person 类,因而必须通过 Person 类来访问 national 属性;Person 对象并没有 national 属性,所以通过 Person 对象访问该属性将会返回 undefined;而 bb 则是 Person 的局部变量,在 Person 函数以外无法访问该变量。程序的执行结果如图 5-21 所示。

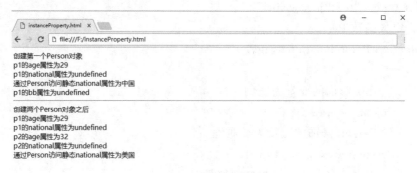

图 5-21 类属性和实例属性

值得指出的是,JavaScript 与 Java 不同,它是一种动态语言,容许随时为对象增加属性和方法,当直接为对象的某个属性赋值时,即可视为给对象增加属性。例如有如下代码:

```
<script type="text/javascript">
function Student(grade,subject)
{
    // 定义一个 grade 实例属性,
    // 将 grade 形参的值赋给该实例属性
    this.grade=grade;
    // 定义一个 subject 静态属性,
    // 将 subject 形参的值赋给该静态属性
    Student.subject=subject;
}
s1=new Student(5,'Java');
```

```
with(document)
{
    writeln('s1 的 grade 属性:'+ s1. grade+"<br />");
    writeln('s1 的 subject 属性:'+ s1. subject+"<br />");
    writeln('Student 的 subject 属性:'+Student.subject+"<br />");
}
// 为 s1 对象的 subject 属性赋值,即为它增加一个 subject 属性
s1.subject='Ruby';
with(document)
{
    writeln('<hr />为 s1 的 subject 属性赋值后<br />');
    writeln('s1 的 subject 属性:'+ s1. subject+"<br />");
    writeln('Student 的 subject 属性:'+Student.subject+"<br />");
}
```
</script>

上面程序中代码 s1. subject='Ruby';为 s1 的 subject 属性赋值,赋值后该 subject 属性值为'Ruby',但这并不是修改 Student 的 subject 属性,这行代码仅仅是为 s1 对象动态增加了一个 subject 属性。运行上面的程序将会看到图 5-22 所示的效果。

从图 5-22 可以看出,当我们为 s1 的 subject 属性赋值时,Student 的 subject 并不会受任何影响,这表明 JavaScript 对象不能访问它所属类的类属性。

图 5-22 为 JavaScript 对象动态增加实例属性

提示:如果直接定义一个全局变量,实际上是将这个全局变量"附加"到 window 对象上,作为 window 对象的实例属性。因此,程序可以 window 对象作为调用者来访问这个全局变量。

5. 调用函数的三种方式

定义一个函数之后,JavaScript 提供了三种调用函数的方式。

(1)直接调用函数

直接调用函数是最常见、最普通的方式。这种方式直接以函数附加的对象作为调用者,在函数后括号内传入参数来调用函数。这种方式是前面最常见的调用方式。例如有如下代码:

```
//调用 window 对象的 alert 方法
window.alert("测试代码");
//调用 p 对象的 walk 方法
p.walk()
```

当程序使用 window 对象来调用方法时,可以省略方法前面的 window 调用者。

（2）以 call() 的方法调用函数

直接调用函数的方式简单、易用,但这种调用方式不够灵活。有些时候调用函数时需要动态地传入一个函数引用,此时为了动态地调用函数,就需使用 call 方法来调用函数了。

例如需要定义一个形如 each(array,fn) 的函数,这个函数可以自动迭代处理 array 数组元素,而 fn 函数则负责对数组元素进行处理。此时需要在 each 函数中调用 fn 函数,但目前 fn 函数并未确定,因此无法采用直接调用的方式来调用 fn 函数,需要通过 call() 方法来调用。

如下代码实现了通过 call() 方法来调用 each() 函数。

```
<script type="text/javascript">
    // 定义一个 each 函数
    var each=function(array,fn)
    {
        for(var index in array)
        {
            // 以 window 为调用者来调用 fn 函数,
            // index、array[index]是传给 fn 函数的参数
            fn.call(null,index,array[index]);
        }
    }
    // 调用 each 函数,第一个参数是数组,第二个参数是函数
    each([4,20,3],function(index,ele)
    {
        document.write("第"+index+"个元素是:"+ ele+"<br />");
    });
</script>
```

上面程序中示范了通过 call() 动态地调用函数,从调用语法来看,不难发现,通过 call() 调用函数的语法格式为:

函数引用.call(调用者,参数1,参数2,…)

由此可以得到直接调用函数与通过 call() 调用函数的关系如下:

调用者.函数(参数1,参数2,…)＝函数.call(调用者,参数1,参数2,…)

（3）以 apply() 方法调用函数

apply() 方法与 call() 方法的功能基本相似,它们都可以动态地调用函数。apply() 与 call() 的区别如下:

通过 call() 调用函数时,必须在括号中详细地列出每个参数。

通过 apply()动态地调用函数时,需要以数组形式一次性传入所有调用参数,如下代码示范了 call()与 apply()的关系。

```
<script type="text/javascript">
    // 定义一个函数
    var myfun=function(a,b)
    {
        alert("a 的值是:"+ a
            +"\nb 的值是:"+b);
    }
    // 以 call()方法动态地调用函数
    myfun.call(window,12,23);
    // 以 apply()方法动态地调用函数
    myfun.apply(window,[12,23]);           // ①
    var example=function(num1,num2)
    {
        // 直接用 arguments 代表调用 example 函数时传入的所有参数
        myfun.apply(this,arguments);
    }
    example(20,40);
    // 为 apply()动态调用传入数组
    myfun.apply(window,[12,23]);
</script>
```

对比发现,当通过 call()动态地调用方法时,需要为被调用方法逐个地传入参数;当通过 apply()动态地调用函数时,需要以数组形式一次性传入所有参数,因此程序中①处以数组 [12,23]的形式为 myfun()函数传入两个参数。

此外,由于 arguments 在函数内可代表调用该函数时传入的所有参数,因此在其他函数内通过 apply()动态调用 myfun 函数时,能直接传入 arguments 作为调用参数。

由此可见,apply()和 call()的对应关系如下:

函数引用.call(调用者,参数 1,参数 2,…)=函数引用.apply(调用者,[参数 1,参数 2,…])

第 6 章　jQuery 库和 Bootstrap 框架的使用

　　有人说网页前端工程师做天下最烦琐的工作,因为网页中只要有一处 JavaScript 语法错误(哪怕是一个符号),则整个 JavaScript 程序都将不被执行;虽然主流浏览器都能运行 JavaScript 代码,但浏览器兼容问题始终是网页前端工程师心中挥之不去的梦魔。尽管有些编辑器会对语法进行错误识别,我们也可借助浏览器插件等相关工具对 JavaScript 程序进行调试,但直到 jQuery 库的出现这个问题才算得到了比较完美的解决。如今,jQuery 已经成为现代 JavaScript 编程事实上的工业标准,在 jQuery 的基础之上开发出的编程框架也层出不穷。Bootstrap 就是底层依赖于 jQuery 实现的一种跨平台 Web 开发综合框架,借助 Bootstrap 可以便捷地开发出跨平台 Web 界面(流式/弹性布局)。

6.1　JavaScript 库——jQuery

6.1.1　库和框架:他大舅他二舅都是他舅,高桌子低板凳都是木头

　　由于 JavaScript 在最初的时候并不是一种完善的语言,这导致 JavaScript 遗留了很多为人诟病的问题,如冗长的语法,浏览器的不兼容性等,在开发规模稍大的项目时就会显得力不从心。但 JavaScript 本身也是一门非常灵活的语言,在其基础之上开发出来的程序库就较为通用便捷。这些年来涌现了一大批非常优秀的第三方 JavaScript 库,从早期的 prototype、Dojo、2006 年横空出世的 jQuery,到 2007 年的 ExtJS(Web 富客户代码库和框架)等(图 6-1),再到近年来如日中天的 Angular.js(Google)、React.js(FaceBook)、Vue.js(国产框架排名第一)等。正是由于这些第三方代码库与框架的出现,JavaScript 编程和网页前端综合开发变得越来越简单。其中 jQuery 的使用最为广泛,它大幅简化了 DOM 和 Ajax 的调用,已经成为很多程序员的标配武器库。

图 6-1　几个著名的 JavaScript 库

　　那么到底什么是库和框架呢? jQuery 库、Bootstrap 框架与 JavaScript 又有什么不同呢? 在这里作一个简单形象的比喻:我们在初中阶段就学过了物理变化与化学变化的概念与区别,物理变化即本质不改变,只是物理组织形式变了。打开 jQuery 源码,发现其实完全就是用 JavaScript 写出来的。一句话,jQuery 库是一组逻辑相关的 JavaScript 代码经物理变化而生成的 JavaScript 代码库,Bootstrap 是一组逻辑相关的 HTML、JavaScript、CSS 代码经物理变化而生成的 Web 前端综合代码库。

如果这样还不能明白什么是库和框架,那我们可再作一个更生动的比喻。不知道各位读者看过《三枪拍案惊奇》没有,里面小沈阳唱了一首《我只是个传说》。如图 6-2 所示,有这么一句歌词:"他大舅他二舅都是他舅,高桌子低板凳都是木头。"这其实就完美诠释了"JavaScript 与 jQuery"或"HTML、JavaScript、CSS 与 Bootstrap"之间的关系。木头经过了人工的打磨,拼合而成为桌子、椅子、茶几等一系列的木头制品,但实质还是木头,并没有发生改变,只是经过了一些人为的设计与组装。

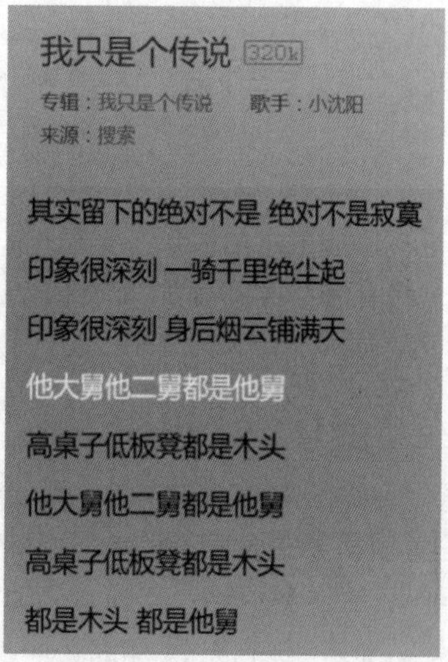

理清楚了框架与库的概念,下面我们重点来考察jQuery。jQuery 是继 prototype 之后又一个优秀的 JavaScript 库,由 John Resig 创建于 2006 年并公开开源,其宗旨是"Write Less, Do More",即倡导"写更少的代码,做更多的事情"。由于 jQuery 出色的性能,它被广泛使用,直到目前,至少网络上 90% 的网站前端都是用它编写的。可以大胆地说,jQuery 已经成为 JavaScript 工业流水线上的标准(当然,也不能否定最新涌现的如 Angular JS、React JS、Vue JS 等前端框架也有着出色的发挥)。

图 6-2　《我只是个传说》歌词

jQuery 独特的选择器、链式操作、事件处理机制和封装完善的 Ajax 是其在众多 JS 框架中脱颖而出的关键。概括起来,jQuery 有着以下的优势:

(1)jQuery 具有高效灵活的 CSS 选择器,并且可对 CSS 选择器进行扩展。

(2)jQuery 具有出色的浏览器兼容性。jQuery 兼容各种主流浏览器,如 IE 6.0+、FF 1.5+、Safari 2.0+、Opera 9.0+等。

(3)jQuery 完善与大大简化了 Ajax。将所有 Ajax 操作封装在 $.Ajax 函数中,解决了浏览器兼容与处理复杂 XMLHttpRequest 对象的问题。

(4)jQuery 拥有便捷的插件扩展机制和丰富的插件。

(5)jQuery 支持链式语法。其链式写法代码风格奇特,可以直接连写而无须重复获取对象,使代码简单美观。

总的来说,jQuery 有非常多的优点(最突出的莫过于其对 Dom 和 Ajax 调用上的简化封装)。在后面的章节中,我们将会介绍以原生 JavaScript 和 jQuery 分别调用 Ajax 的方法,并进行详细对比,你将会惊讶借助 jQuery 竟能用如此少的代码实现如此强大的功能,而这恰恰就是其出众的原因。

6.1.2　将 jQuery 代码的标准写法"看顺眼"

如图 6-3 所示,这种经过封装的工业标准的代码,虽然很简约,可是和一般原生的 JS 相比,尤其是对于学过 C 语言等有严谨逻辑的编程语言的读者来说,它封装起来的写法看起来很不顺眼,逻辑很难被理解。那么,应该如何将它"看顺眼"呢?

```
<!DOCTYPE html>
<html>
<meta charset="utf-8" />
<head>
<script src="http://cdn.static.runoob.com/libs/jquery/1.10.2/jquery.min.js"></script>
<script>
$(document).ready(function(){
  $("button").click(function(){
    $("p").hide();
  });
});
</script>
</head>

<body>
<h2>这是一个标题</h2>
<p>这是一个段落。</p>
<p>这是另一个段落。</p>
<button>点我</button>
</body>
</html>
```

图 6-3　一段 jQuery 代码

如图 6-4 所示，将 jQuery 代码还原成了符合原生 JS 样式之后，在逻辑上应该感觉好接受了。可这样子看在 JS 写法上还是有一点不对，于是在此基础上把它再改成有名字的匿名函数。

```
<!DOCTYPE html>
<html>
<meta charset="utf-8" />
<head>
<script src="http://cdn.static.runoob.com/libs/jquery/1.10.2/jquery.min.js"></script>
<script>
function b(){
    $("p").hide();
}
function a(){
  $("button").click(b);
}
$(document).ready(a);
</script>
</head>

<body>
<h2>这是一个标题</h2>
<p>这是一个段落。</p>
<p>这是另一个段落。</p>
<button>点我</button>
</body>
</html>
```

图 6-4　还原成了符合原生语法的样式

如图 6-5 所示，将它还原成符合原生语法的形式——有名字的匿名函数之后，就和之前掌握的 JS 写法无异了。像这样子展开来看，对于 jQuery 标准写法的逻辑就可以理解了。

```
<!DOCTYPE html>
<html>
<meta charset="utf-8" />
<head>
<script src="http://cdn.static.runoob.com/libs/jquery/1.10.2/jquery.min.js"></script>
<script>
var b=function (){
    $("p").hide();
}
var a=function (){
  $("button").click(b);
}
$(document).ready(a);
</script>
</head>

<body>
<h2>这是一个标题</h2>
<p>这是一个段落。</p>
<p>这是另一个段落。</p>
<button>点我</button>
</body>
</html>
```

图 6-5　还原成符合原生语法的形式——有名字的匿名函数

如图 6-6 所示,最关键的一步,就是把展开后的代码再重新还原、简化成工业标准写法。具体方法就是用 $()把 DOM 对象包装起来,这样就可以获得一个 jQuery 对象了。通过将一段 jQuery 代码展开,改变,再封装回去的过程,原本应该看起来不那么顺眼的写法,就可以被理解,看起来"顺眼"了。

```
<!DOCTYPE html>
<html>
<meta charset="utf-8" />
<head>
<script src="http://cdn.static.runoob.com/libs/jquery/1.10.2/jquery.min.js"></script>
<script>
$(document).ready(function(){
  $("button").click(function(){
    $("p").hide();
  });
});
</script>
</head>

<body>
<h2>这是一个标题</h2>
<p>这是一个段落。</p>
<p>这是另一个段落。</p>
<button>点我</button>
</body>
</html>
```

图 6-6　重新还原、简化成工业标准写法

如图 6-7 所示,像图 6-3 那种工业标准写法的 jQuery,它的代码的缩进总是让人看起来很不顺眼,有时会找不到对应的括号。推荐像这样调整一下代码的缩进,代码里对应的关系就很清晰了。

```
<script>
$
(
        function()
        {
          $("button").click
          (
                  function()
                  {
                          $("p").hide();
                  }
          );
        }
);
</script>
```

图 6-7　推荐的工业标准写法

6.1.3　jQuery 的简单使用

在正式介绍使用 jQuery 之前,我们先做好环境的配置。点击 http://jquery.com/ 进入 jQuery 的官方网站(图 6-8),下载最新的 jQuery 文件。jQuery 库的类型分为两种:一种是生产版,经过了工具压缩,适合项目开发;另一种是开发版,没有经过压缩,主要用于学习和开发。

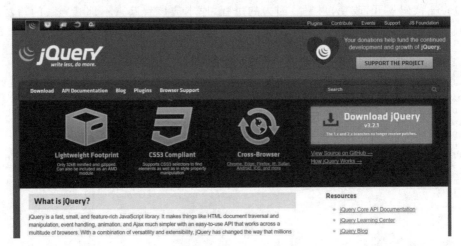

图 6-8　jQuery 官方网站截图

jQuery 不像其他语言一样需要繁杂的环境配置过程,只需把下载好的 jQuery.js 文件放到网站上的一个公共位置,想要在某个页面使用时,即在相关的 HTML 文档中引入便可。那么要如何引入 jQuery 呢? 其实过程也很简单。

在编写的页面代码中<head>标签内引入 jQuery 库后,就可以使用 jQuery 库了,程序如下:

<! doctype html>

<html>

<head>

```
<meta charset="UTF-8">
<title>jQuery 的引入</title>
<! --在 head 标签内引入 jQuery-->
<script src="jquery.min.js" type="text/javascript"></script>
</head>
<body>
</body>
</html>
```

在学会如何引入 jQuery 文件后,我们就开始尝试写自己的第一个 jQuery 程序。我们先来看第一个代码片段:

```
//省略以上代码
<! --在 head 标签内引入 jQuery-->
<script src="jquery.min.js" type="text/javascript"></script>
<script type="text/javascript">
    $ (document).ready(function(){
        alert('这是我的第一个 jQuery ');
    })
</script>
</head>
<body>
</body>
</html>
```

运行结果如图 6-9 所示。

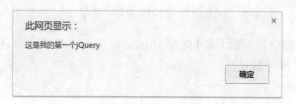

图 6-9　输出的结果

$ (document).ready(function(){})的写法看起来奇怪,但又似曾相识。没错这种写法就相当于原生 JS 里面 window.onload=function(){}的写法,作用是等待网页中所有内容加载完毕后,才执行函数里面的代码。这一段代码可以简写成 $ (function(){});。

同时要注意的一点是 $ 是 jQuery 的一个简写形式,如 $ (".abc")与 jQuery(".abc")是等价的。这样上面的一段函数又增加了两种不同的写法:

jQuery(document).ready(function(){})和 jQuery(function(){})

当你看到同一段代码有这么多种不同的写法时,不要害怕,其本质还是一样的,所实现的功能也是一样的,四种写法都是由一种写法变化而来的。

下面进行难度大一点的使用。我们利用 jQuery 完成对 DOM 元素的操作,即增、删、改、查。前面原生 JS 的章节已经介绍过了 DOM,在这里回顾一下:HTML 文档中的所有节点组成一个文档树模型,HTML 文档中的每个元素、属性、文本等都代表树中的一个节点。这些节点相互联系,相互影响,构成一个完整的页面,我们称之为模型。来看下面一段代码:

```
<html>
    <head>
        <title>文档标题</title>
    </head>
    <body>
        <a href="♯">我的链接</a>
        <h1>我的标题</h1>
    </body>
</html>
```

这一段代码可以用一幅树状图来表示节点之间的关系,如图 6-10 所示。

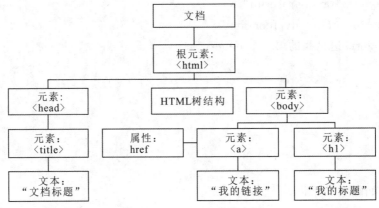

图 6-10 HTML 文档节点树

在回顾了 DOM 模型后,我们就开始使用 jQuery 来对 DOM 元素进行增、删、改、查。首先我们学习如何创建和增加节点:

(1)创建一个节点

var $ li_1= $ ("<li>我是新创建的节点</li>");

//将需要创建的节点(无论是 HTML、CSS 还是 JS,都是一个节点)写在 $ ("")中,

//并用一个变量接收

(2)增加一个节点

$ ("ul").append($ li_1);

//我们将新创建的节点 $ li_1 追加到 ul 里,使用的是 append()方法,

//参数是你想追加的节点,会自动帮你追加到某个元素的子元素后

//如果你想追加在某个元素的子元素前,则使用 prepend()方法

(3)查找并修改节点内容

● html()方法

html():取得第一个匹配元素的 HTML 内容。这个函数不能用于 XML 文档,但可以

用于 XHTML 文档。

html(val):设置每一个匹配元素的 HTML 内容。

● text()方法

text():取得所有匹配元素的内容。

结果是由所有匹配元素包含的文本内容组合起来的文本。这个方法对 HTML 和 XML 文档都有效。

text(val):设置所有匹配元素的文本内容。

与 html()有点类似,但要注意区别:text()只输出标签内的文本内容;html()打印当前标签内的文本内容,如果有子标签,还会将子标签本身和子标签内的文本一起打印。

● val()方法

val():获得第一个匹配元素的当前值。

val(val):设置每一个匹配元素的值。

(4)删除节点

● remove()方法

remove():删除该元素及其所有后代节点。这个方法的返回值是一个指向已经被删除的节点的引用(本质是 JQ 对象),但在删除后还可以继续使用这个节点。

var $li＝$("ul li:eq(1)").remove();

//删除后依然可以获得节点并追加

$("ul").append($li);

//remove()方法还可以通过传参数来选择性删除元素

var $li＝$("ul li").remove("li[title!＝a]");

//删除所有属性不为 a 的 li 节点

● detach()方法

detach():与 remove()很类似,不同的是所有绑定的事件,附加的数据都会被保留下来。

```
$("ul li").click(function(){
        alert($(this).html()); //[1]
})
    //删除元素节点
    var $li＝$("ul li:eq(1)").detach();
    //重新追加此元素,发现之前它绑定的事件还在
    $li.appendTo("ul");
})
```

请认真阅读上述代码[1],很多人会疑惑 $(this)是什么意思,为何在上述代码使用 $(this)而不是 this,究竟 $(this)与 this 有何区别? 下面我们就来一起解开这个疑惑。

this 是 JavaScript 自身的语法关键字,它指向一个 JavaScript 对象,所以可以使用所指向的目标 JavaScript 对象所拥有的方法,但它自己不是一个普通的变量,所以无法定义一个变量叫 this。所以为了使用 jQuery 对象的方法,必须传入 jQuery 函数 $(this),将 JavaScript 对象包装成为一个 jQuery 对象。来看下面的代码:

var node＝$('#id');

node.click(function(){

```
        this.css('display','block');        //报错
        $(this).css();                       //正确
        this.style.display='block';          //正确
});
```

在这里，第三行代码会报错，因为 this 是一个 HTML 对象，不是 jQuery 元素，因此没有 css()方法。

第四行和第五行代码都是正确的。其实 this 和 $(this)大体区别就是：this 是一个 HTML 对象，可以调用它这个 HTML 元素本身所拥有的方法；但 $(this)是一个 jQuery 对象，能调用的只有 jQuery 方法，如.css()/.attr()。

这里还有一个问题：this 与 $(this)的指向问题。

```
$(function(){
    $("#box p").click(function(){
        $(this).css({"color":"red"});
    })
})
```

这样写的时候，代码是生效的；指向对象很明确，是点击事件的事件源。

```
$(function(){
    $("#box p").click(function(){
        setTimeout(function(){
            $(this).css({"color":"red"});
        },1000);
    })
})
```

但当我们加上定时器之后，这个代码就失效了。因为 $(this)指向的是计时器。

为了解决这个问题，我们可以把 $(this)放到一个变量里面，再在定时器里去使用这个变量。

```
$(function(){
    $("#box p").click(function(){
        var a=$(this);
        setTimeout(function(){
            a.css({"color":"red"});
        },1000);
    })
})
```

这样就能实现点击后的一秒触发事件。

至此我们已经展示了 jQuery 是如何对浏览器客户区的元素进行增、删、改、查的，但 jQuery 的内容远不止于此，还包括 jQuery 实现动画效果，jQuery 对表单的操作，jQuery 的 UI 插件运用以及 jQuery 使用 Ajax 等。我们在这里只是简单的列举，并不作详细介绍（jQuery 使用 Ajax 的内容将会留到后端学习的章节进行讲解），感兴趣的同学可以阅读 jQuery 的 API 文档，文档对每一个 jQuery 方法的使用都做了非常详细的解释。

6.2　Bootstrap 框架

6.2.1　Bootstrap 的安装与配置

Bootstrap 的本质是个 CSS/HTML 框架，其基于 HTML、CSS、JavaScript 提供了 HTML 和 CSS 规范。作为一款用于前端开发的工具包，Bootstrap 的简洁灵活、兼容大部分 jQuery 插件等优点使其成为目前很受欢迎的前端框架。试设想如果没有 Bootstrap，公司就需要分别对手机、平板、PC 端做多套不一样的网站，使用 Bootstrap 统一做一套自适应布局的网站就能让问题迎刃而解，Bootstrap 的灵活性与重要性不言而喻。

在 HTML 文件中引入 Bootstrap 之前，我们需要对 Bootstrap 进行安装配置，以下将较为详尽地介绍两种方式：一是将 Bootstrap 下载到本地，从本地引入；其二是从 CDN 直接引入。

1. 从本地引入 Bootstrap

可以从 http://v3.bootcss.com/上下载 Bootstrap，点开链接，即可见如图 6-11 所示的页面。

Bootstrap 中文文档 · Boot
v3.bootcss.com
B
Bootstrap 是最受欢迎的 HTML、CSS 和 JS 框架，用于开发响应式布局、移动设备优先的 WEB 项目。
下载 Bootstrap

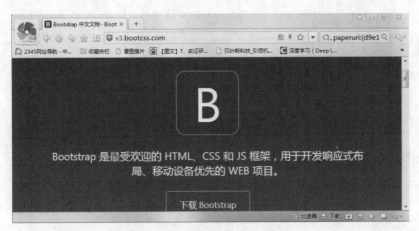

图 6-11　下载 Bootstrap 页面

点击下载 Bootstrap，会看到提供了三种下载包，如图 6-12 所示。

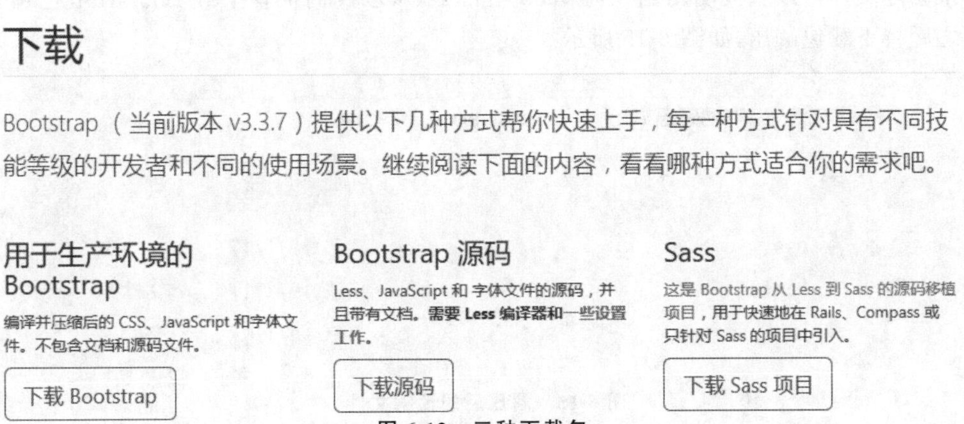

下载
Bootstrap（当前版本 v3.3.7）提供以下几种方式帮你快速上手，每一种方式针对具有不同技能等级的开发者和不同的使用场景。继续阅读下面的内容，看看哪种方式适合你的需求吧。
用于生产环境的 Bootstrap
编译并压缩后的 CSS、JavaScript 和字体文件。不包含文档和源码文件。
下载 Bootstrap
Bootstrap 源码
Less、JavaScript 和 字体文件的源码，并且带有文档。需要 Less 编译器和一些设置工作。
下载源码
Sass
这是 Bootstrap 从 Less 到 Sass 的源码移植项目，用于快速地在 Rails、Compass 或只针对 Sass 的项目中引入。
下载 Sass 项目

图 6-12　三种下载包

下载 Bootstrap 已编译的版本,解压缩 zip 文件时,会看到如图 6-13 所示的文件/目录结构。

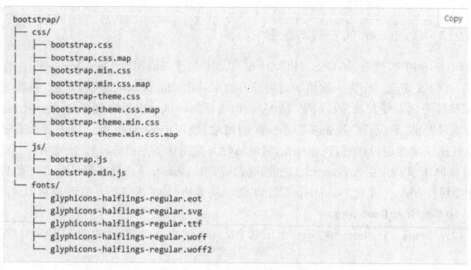

图 6-13　已编译的 Bootstrap 文件结构

如果下载 Bootstrap 源代码,则文件组织结构如图 6-14 所示。

图 6-14　Bootstrap 源代码的文件结构

预编译文件可以直接使用到任何 Web 项目中,所以我们推荐下载 Bootstrap 已编译版本。之后将下载包解压,如图 6-15 所示。

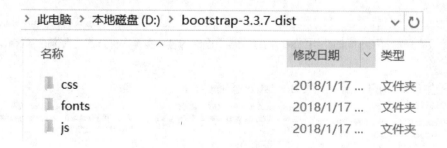

图 6-15　解压后的预编文件

其实我们一般需要的是如图 6-16 中选中的两个文件。

名称 ^	修改日期	类型	大小
bootstrap.css	2016/7/25 15:53	层叠样式表文档	143 KB
bootstrap.css.map	2016/7/25 15:53	MAP 文件	381 KB
bootstrap.min.css	2016/7/25 15:53	层叠样式表文档	119 KB
bootstrap.min.css.map	2016/7/25 15:53	MAP 文件	530 KB
bootstrap-theme.css	2016/7/25 15:53	层叠样式表文档	26 KB
bootstrap-theme.css.map	2016/7/25 15:53	MAP 文件	47 KB
bootstrap-theme.min.css	2016/7/25 15:53	层叠样式表文档	23 KB
bootstrap-theme.min.css.map	2016/7/25 15:53	MAP 文件	26 KB

名称 ^	修改日期	类型	大小
bootstrap.js	2016/7/25 15:53	JavaScript 文件	69 KB
bootstrap.min.js	2016/7/25 15:53	JavaScript 文件	37 KB
npm.js	2016/7/25 15:53	JavaScript 文件	1 KB

图 6-16　一般需要的两个文件

之后把下载并解压的 Bootstrap 包放入工程目录中，并根据你的路径引入。代码如下：

```
<! --新 Bootstrap 核心 CSS 文件-->
<link rel="stylesheet" href="本地路径/bootstrap-3.3.7-dist/css/bootstrap.min.css">
<! --jQuery 文件。务必在 bootstrap.min.js 之前引入-->
<script src="本地路径/jquery/1.11.3/jquery.min.js"></script>
<! --最新的 Bootstrap 核心 JavaScript 文件-->
<script src="本地路径/bootstrap-3.3.7-dist/js/bootstrap.min.js"></script>
```

必须注意的是，要想使用 Bootstrap 必须要先加载 jQuery。Bootstrap 的所有 JavaScript 插件都依赖 jQuery，因此 jQuery 必须在 Bootstrap 之前引入。

2. 使用 CDN 直接引入

第二种方式就更为简单快捷了，使用 CDN 直接引入，可以理解为把原来要占用本地空间的需要引入的文件存放到了一个免费的服务器上，直接引用网址即可。

这是 Bootstrap 官网推荐的 CDN：

```
<! --最新版本的 Bootstrap 核心 CSS 文件-->
<link rel="stylesheet" href="https://cdn.bootcss.com/bootstrap/3.3.7/css/bootstrap.min.css" integrity="sha384-BVYiiSIFeK1dGmJRAkycuHAHRg32OmUcww7on3RYdg4Va+PmSTsz/K68vbdEjh4u" crossorigin="anonymous">
<! --可选的 Bootstrap 主题文件(一般不用引入)-->
<link rel="stylesheet" href="https://cdn.bootcss.com/bootstrap/3.3.7/css/bootstrap-theme.min.css" integrity="sha384-rHyoN1iRsVXV4nD0JutlnGaslCJuC7uwjduW9
```

SVrLvRYooPp 2bWYgmgJQIXwl/Sp" crossorigin＝"anonymous"＞

　　＜！--最新的 Bootstrap 核心 JavaScript 文件--＞

　　＜script src＝"https：//cdn.bootcss.com/bootstrap/3.3.7/js/bootstrap.min.js" integrity＝"sha384-Tc5IQib027qvyjSMfHjOMaLkfuWVxZxUPnCJA7l2mCWNIpG9mGCD8wGNIcPD7Txa" crossorigin＝"anonymous"＞＜/script＞

　　这是菜鸟推荐的 CDN：

　　＜！--新 Bootstrap 核心 CSS 文件--＞

　　＜link href＝"https：//cdn.bootcss.com/bootstrap/3.3.7/css/bootstrap.min.css" rel＝"stylesheet"＞

　　＜！--可选的 Bootstrap 主题文件(一般不使用)--＞

　　＜script src＝"https：//cdn.bootcss.com/bootstrap/3.3.7/css/bootstrap-theme.min.css"＞＜/script＞

　　＜！--jQuery 文件。务必在 bootstrap.min.js 之前引入--＞

　　＜script src＝"https：//cdn.bootcss.com/jquery/2.1.1/jquery.min.js"＞＜/script＞

　　＜！--最新的 Bootstrap 核心 JavaScript 文件--＞

　　＜script src＝"https：//cdn.bootcss.com/bootstrap/3.3.7/js/bootstrap.min.js"＞＜/script＞

　　当环境安装好后，只需要新建一个 HTML 文件并将其引入 Bootstrap 就行了。以下是一个 Bootstrap 模板(使用 CDN 引入)：

　　＜！DOCTYPE html＞

　　＜html＞

　　　　＜head＞

　　　　　　＜title＞Bootstrap 模板＜/title＞

　　　　　　＜！--设置移动设备优先--＞

　　　　　　＜meta name＝"viewport" content＝"width＝device-width,initial-scale＝1.0"＞

　　　　　　＜！--Bootstrap 核心 CSS 文件--＞

　　　　　　＜link href＝"https：//cdn.bootcss.com/bootstrap/3.3.7/css/bootstrap.min.css" rel＝"stylesheet"＞

　　　　　　＜！--jQuery 文件务必在 bootstrap.min.js 之前引入--＞

　　　　　　＜script src＝"https：//cdn.bootcss.com/jquery/2.1.1/jquery.min.js"＞＜/script＞

　　　　　　＜！--Bootstrap 核心 JavaScript 文件--＞

　　　　　　＜script src＝"https：//cdn.bootcss.com/bootstrap/3.3.7/js/bootstrap.min.js"＞＜/script＞

　　　　＜/head＞

　　　　＜body＞

　　　　　　＜h1＞Hello,world! ＜/h1＞

```
    </body>
</html>
```

Bootstrap 和 HTML5 的字体样式对比如图 6-17、图 6-18 所示。

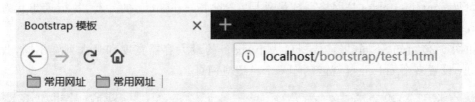

图 6-17　Bootstrap 字体样式

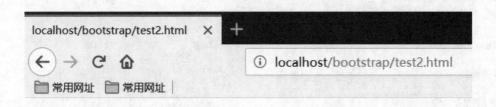

图 6-18　HTML5 字体样式

以上就完成了 Bootstrap 环境的安装配置。

6.2.2　Bootstrap 实现自适应网页

　　Boostrap 自适应功能的基础是网格系统,其实就是将屏幕或视口以行列形式划分成 12 份,行数自定义,根据所设计的空间与布局规划,确定每个元素显示的大小即需要的列数,如果超过范围,就会自动转行。形象点来说,就如同让不同饭量的人同桌吃饭,但又限定他们使用碗的数量相同。一锅饭可以细分成 12 小碗或 2 大碗(1 大碗的容量等于 6 小碗),设饭量大的人一次要吃 12 小碗,饭量小的人一次只能吃 2 小碗。这样一来,每个人都只是使用 2 只碗:饭量大者吃 2 大碗,饭量小者吃 2 小碗,但每人都只用 2 只碗(宏观布局跨平台,微观尺寸不同)。

　　综上可得,桌面上最终有几碗饭是根据吃饭的人饭量来决定的(图 6-19);在网格系统中,每列的大小就是根据屏幕或视口的尺寸分配的。

　　Bootstrap 网格的基本格式是:

```
<div class="container">
    <div class="row">
        <div class="col-*-*"></div>
```

图 6-19　由饭量决定桌面上最终
所呈现的碗数

```
        <div class="col-*-*"></div>
    </div>
<div class="row">…</div>
```

可见.container class 是网格系统最外层,.row 指.container 的一行,每行理想状态包含 12 个 col(列),不同屏幕大小 col 的行为也不同。

由图 6-20 可知,不同(屏幕或视口大小)设备的最大容器宽度和最大列宽不同,我们通过给 div 设置多个.col-class 就能制作一个自适应网页。

	超小设备手机(<768px)	小型设备平板电脑(≥768px)	中型设备台式电脑(≥992px)	大型设备台式电脑(≥1200px)
网格行为	一直是水平的	以折叠开始,断点以上是水平的	以折叠开始,断点以上是水平的	以折叠开始,断点以上是水平的
最大容器宽度	None (auto)	750px	970px	1170px
Class 前缀	.col-xs-	.col-sm-	.col-md-	.col-lg-
列数量和	12	12	12	12
最大列宽	Auto	60px	78px	95px
间隙宽度	30px (一个列的每边分别15px)	30px (一个列的每边分别15px)	30px (一个列的每边分别15px)	30px (一个列的每边分别15px)
可嵌套	Yes	Yes	Yes	Yes
偏移量	Yes	Yes	Yes	Yes
列排序	Yes	Yes	Yes	Yes

图 6-20　Bootstrap 网格系统如何跨多个设备工作(来自 www.runoob.com)

从图 6-21 到图 6-23 可以清晰地看出,改变浏览器大小,div 的位置也随着发生变化,实现效果的代码如下:

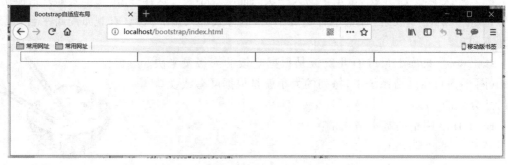

图 6-21　自适应网页案例(1)

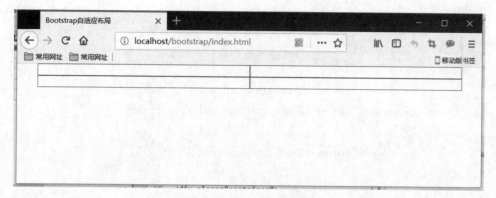

图 6-22　自适应网页案例(2)

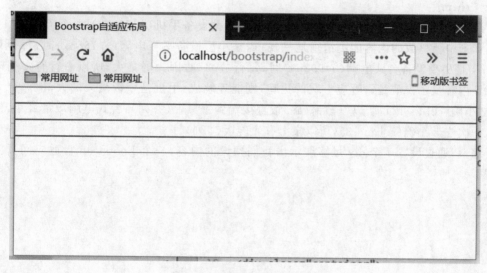

图 6-23　自适应网页案例(3)

```
<! doctype html>
<html>
<head>
<meta charset="UTF-8">
<title>Bootstrap 自适应布局</title>
<meta name="viewport" content="width=device-width,initial-scale=1.0">
<link href="https://cdn.bootcss.com/bootstrap/3.3.7/css/bootstrap.min.css" rel
="stylesheet">
<script src="https://cdn.bootcss.com/jquery/2.1.1/jquery.min.js"></script>
<script src="https://cdn.bootcss.com/bootstrap/3.3.7/js/bootstrap.min.js"></script>
<style>
.col-xs-12. col-sm-6. col-md-3{border:1px solid blue; height;height:20px;}
</style>
```

135

```
    </head>
    <body>
    <div class="container">
        <div class="row">
            <div class="col-xs-12 col-sm-6 col-md-3"></div>
            <div class="col-xs-12 col-sm-6 col-md-3"></div>
            <div class="col-xs-12 col-sm-6 col-md-3"></div>
            <div class="col-xs-12 col-sm-6 col-md-3"></div>
        </div>
    </div>
    </body>
    </html>
```

从代码可见,我们预设了三种情况:当是超小型设备手机(<768px)时,每行只放 1 列,为了让列中所盛放的内容能更清晰地呈现;当是小型设备平板电脑(≥768px)时,每行只放 2 列;当是中型设备台式电脑(≥992px)时,每行放 4 列,因为屏幕大,所以一行有多列时也能保证内容显示得清楚。呼应上文的比喻,则能理解成:手机是个饭量大的人,他一个人要吃 12 小碗(col-xs-12),所以一整锅(碗)饭直接端到了桌上(一列);台式电脑饭量最小,他一个人一次吃 3 小碗(col-md-3),所以桌上有 4 碗饭(4 列)。

综上,通过设置 4 个 div 足够展示出我们预设的内容,一个 Bootstrap 自适应网页就此实现。

第 7 章 服务器端应用——PHP 编程

从本章开始,我们就要学习 PHP 这门编程语言了。之前几章我们学习了 HTML、CSS、JavaScript,通过这三者我们可以编写一个.html 文件,也称为"网页"。或许你有过这样的疑惑:我都可以制作出各种精美酷炫的网页,为什么还要学习 PHP? PHP 又和我们之前学习的有什么联系呢? 别着急,学习完本章你就可以解开这些疑惑了。"工欲善其事,必先利其器。"为了我们能够顺利地进行 PHP 编程,也就是开发 Web 应用程序,我们预先需要配置三个方面的资源:

(1)Web 开发环境的搭建与配置。这包括 Web 服务器和数据库服务器的安装与配置,这里我们推荐 PHPnow、Xampp 等集成开发环境。关于 PHPnow 的安装与环境配置,我们在前面几章已经进行了详细的介绍,这里就不再赘述。

(2)Web 综合开发工具。我们推荐使用 Adobe Dreamweaver CC 等集成开发环境。关于 Adobe Dreamweaver CC 的安装与配置我们在前面几章也已经进行了详细的介绍,这里不再赘述。

(3)互联网资源。我们推荐在万网-阿里云上注册与购买空间和域名,具体可以到 https://wanwang.aliyun.com/网站上进行操作。

7.1 PHP 基础

7.1.1 PHP 本质

何为 PHP? PHP 英文全称为 Hypertext Preprocessor,即"超文本预处理器"。我们单纯地从字面上理解,超文本通俗地讲就是 HTML,PHP 在服务端调动处理数据以更新前台的 HTML 文档,实现页面的更新,即预先对 HTML 文档进行处理。从这个层面上讲,我们也可以把 PHP 当作 HTML 网页发布之前预先处理的一道程序。PHP 是一种运行在服务器端,服务于动态网页生成的脚本语言,其扮演的是一种后台操控员的角色,负责接收前台发来的数据,对其进行操作,最后生成反馈给前台的内容。

在我们日常的网页浏览使用中,浏览器将含有 HTML、CSS、JavaScript 组合的 HTML 文档编译解析,使处于客户端的我们可以看到各种网页。我们可以在网页中上传或下载文件资料,也可以注册登录网站查看个性化信息。

以新浪微博网站(图 7-1)的使用为例,我们可以登录我们的账户,在其中上传自己的个人动态,也可以查看关注人的信息动态。每个用户登录后,看到的页面都是个性化的独有的。但是这些页面都不是事先编辑好的 HTML 文档,试想一下,若所有用户的主页都是事先编辑好的,那程序员的工作量实在是太大了。

图 7-1 新浪微博网站

事实上是,我们在登录时,向微博的服务器端发送了一些信息(请求),微博的服务器端在获取后进行解析,并在数据库中查询我们要的信息,组合发送到客户端浏览器(动态网页的生成)。信息经过浏览器解析,最后才成为我们登录后看到的网页。PHP 则是负责动态网页生成的工作。

注意:PHP 运行环境在于服务器,前文提到的 PHPnow 配置即包含了服务器软件 Apache 及 PHP 环境包。请确认本机中的 Apache 服务已开启,否则无法运行 PHP 文件。

此外,PHP 是一种嵌入式脚本,使用分隔符"<? php"和"? >"将 PHP 代码和 HTML 的内容区分开来。也就是说 PHP 代码应该都写在"<? php"和"? >"之间。我们可以尝试书写一段 PHP 代码(这里的 echo 在 PHP 中表示输出):

```
<p>段落</p>
<? php
echo"这是 PHP 书写的段落";
? >
<p>段落</p>
```

7.1.2 PHP 的语言构成

从语言学角度出发,PHP 与 JavaScript 类似,也有它的名词(数据类型)、动词(运算符号)、复合语句(流程控制)和代码复用(函数)。

1. 名词——数据类型

PHP 的数据类型有 String(字符串)、Integer(整型)、Float(浮点型)、Boolean(布尔型)、Array(数组)、Object(对象)、NULL(空值)。

PHP 是弱类型语言,也就是说变量的数据类型一般不用开发人员指定,PHP 会在程序执行过程中,根据上下文环境决定变量的数据类型。在这一点上 PHP 和 JavaScript 是一样的。

PHP 使用美元符号"$"后跟一个变量名来表示一个变量。变量名的命名规则为:"$"符号后面跟随以字母或下划线开头的任意数量的字母、数字、下划线。常量通过 define()函

数定义,命名规则与变量相似,只是不需要美元符号。如下:

```php
<? php
$ height＝12;          //以字母开头的合法变量
$ _height＝12;         //以下划线开头的合法变量
$ 1height＝12;         //以数字开头的非法变量
define("width",11);    //定义常量
? >
```

此外,PHP 提供了大量的预定义变量和常量。它们如同一个个世界名人,没有地域限制,在哪里使用都会得到认同。例如,预定义变量 $_REQUEST 没有作用域的限制,在程序的任何地方使用都可以调用前台表单传来的数据。

2. 动词——运算符号

PHP 的运算符号与 JavaScript 的相似,这里不再赘述。特别的一点是,PHP 通过运算符号"."连接两个字符串。

3. 复合语句——流程控制

流程控制语句也与 JavaScript 的相似,有顺序执行结构、选择执行结构(if…else、switch(){case:…})、循环执行结构(for(;;){}、while(){}、do{}while();)。

4. 代码复用——函数

函数是 PHP 中十分重要的部分。在 PHP 中包含两类函数:一类是我们自己通过"function 函数名(参数){函数体}"构造的,另一类则是 PHP 包中预先为我们定义好的预定义函数。我们定义的函数主要用于数据的逻辑运算,预定义函数主要用于底层数据的操作。预定义函数被放置在函数扩展库中。

一些函数属于 PHP 的核心部分,不需要额外安装函数扩展库就可使用,如 Array 函数、Directory 函数。有一些则需要安装配置才可使用,如 cURL 函数。函数扩展库中包含着一些预定义的函数和常量供我们调用。

一个函数扩展库等同于一类问题的解决方法集合,如 Array 函数库中包含了创建新数组"array()"、给数组排序"sort()"的方法。它们如同医院里的科室(外科、内科、小儿科等),一个科室解决一类问题,如图 7-2。预定义的函数如同科室里的医生,为我们提供解决问题的方法。

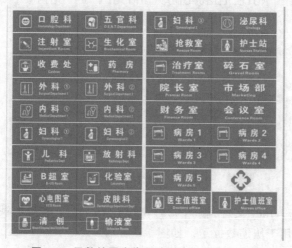

图 7-2　函数扩展库像医院科室一样分工明确

但有一些科室需要取得一定准许才可使用。如用于压缩读取数据的 Bzip2 函数库，在 PHP 中默认未打开，因此我们无法使用其中的方法。

输入代码：

```php
<? php
$ start_str="This is not an honest face?";
$ bzstr=bzcompress( $ start_str);
echo "Compressed String：";
echo $ bzstr;
? >
```

发现无法使用 Bzip2 函数库中的压缩数据方法"bzcompress()"，出现如图 7-3 所示提示函数未定义的错误。

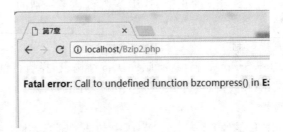

图 7-3　函数未定义错误

我们可以通过修改 ini 文件获得函数库的使用。具体方法为：在 PHPnow 安装包中找到 "php-5.2.14-Win32\php-apache2handler.ini"文件，用记事本打开它。在其中查找"；extension＝ php_bz2.dll"，再将前面的分号"；"删去，保存并关闭文件。如图 7-4 所示。

图 7-4　修改 ini 文件

最后，打开"PnCp.cmd"文件，输入"23"，重启 Apache。重新加载页面即可发现函数 "bzcompress()"可以用于压缩数据了。如图 7-5 所示。

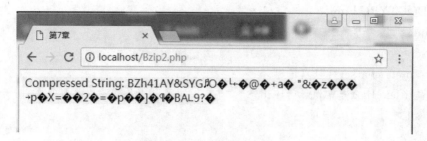

图 7-5　Bzip2 函数库开启成功

7.2　Ajax＋PHP 实现 Web 应用

7.2.1　什么是 Ajax

或许在很久以前,你有过这样的上网体验:打开一张网页,鼠标点击网页上的某个链接时,网页"唰"地一下全变白了,过了几秒钟有时甚至是几十秒之后,屏幕上才显示想要的那张新的网页。

如今,当我们在浏览网页时,情况好像又有了新的变化。细心的你可能会发现,现在在某些网页上进行一些交互性操作(比如鼠标点击按钮或链接,鼠标移入到网页的某个区域),网页上的内容很快就变化了,更开心的是网页再也不会"唰"地一下全变白了,网页使用起来更加顺滑、更加细腻,用户体验很好,就像一个 App。没错,实现这所有的一切,Ajax 可立了汗马功劳。那么究竟什么是 Ajax 呢?

Ajax 英文全称为 Asynchronous JavaScript and XML,即异步 JavaScript 和 XML。它本质上是一种网页开发技术,一直致力于更好地创建交互式网页应用。它所呈现出来的最直观的效果就是:无须重新加载整张网页,就能够实现网页的局部更新。Ajax 技术在 Web 发展史上非常关键,它是 Web2.0 的重要技术之一。其大致的工作流程如图 7-6 所示。

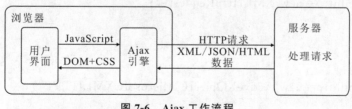

图 7-6　Ajax 工作流程

时至今日,Web 能发展到这样的程度,能够提到跟 App 相提并论的位置,都是源自于 Ajax 技术,以至于有了这样一种观点:Web 领域在 Ajax 技术出现后,再也没有取得任何突破性的技术进展,而都只是对 Ajax 进行包装。

从宏观的角度上看,Ajax 解决了三大问题:网页无须被暴力刷新,前后端通信就能够异步进行,程序员掌握了向服务器发起请求的主动权。在 PHPnow 的 htdocs 文件夹下创建一个名为 ajax 的文件夹,进入文件夹创建一个.html 文件,具体代码如下:

```html
<! DOCTYPE html>
<html>
<head>
    <meta charset="UTF-8">
    <title>什么是 Ajax</title>
</head>
<body>
    <input type="text" id="key">
    <input type="button" value="提交" onclick="send()">
    <div id="showtxt"></div>
    <script type="text/javascript" src="./ajax.js"></script>
</body>
</html>
```

ajax.js 文件的代码如下：

```javascript
function send()
{
    var xmlhttp;
    var key=document.getElementById('key').value;
    if (key.length==0)
    {
        document.getElementById("showtxt").innerHTML="";
        return;
    }
    if (window.XMLHttpRequest)
    {
        xmlhttp=new XMLHttpRequest();
    }
    else
    {
        xmlhttp=new ActiveXObject("Microsoft.XMLHTTP");
    }

    xmlhttp.onreadystatechange=function()
    {
        if (xmlhttp.readyState==4 && xmlhttp.status==200)
        {
            document.getElementById("showtxt").innerHTML=
            xmlhttp.responseText;
        }
```

```
        }
        xmlhttp.open("GET","./get.php? q="+key,true);
        xmlhttp.send();
}
```

后台.php 文件的代码如下：

```
<? php
$key= $_REQUEST['q'];
echo "服务器已经接收到你的 Ajax 请求,你发送过来的数据为".$key;
? >
```

通过以上代码,我们在一张网页中创建了一个 input 输入框和提交按钮。用户可在输入框中随意输入,输入完毕点击提交按钮,输入框中的数据将被 Ajax 程序异步传输到后台服务器。注意:在 Ajax 程序向后台传输数据时,用户仍然可以在页面上进行其他操纵。

打开浏览器,在地址栏里输入 http://localhost/ajax/test.html,在输入框中输入任意数据(这里以"hello world"为例),可以看到如图 7-7 所示的效果。

图 7-7　Ajax 实例效果

以上就是一个用原生 JavaScript 实现的 Ajax 程序。

7.2.2　jQuery 简化 Ajax + PHP 开发

相信读者通过学习前面关于 jQuery 和 PHP 的知识,已经对 jQuery 和 PHP 相当熟悉了,因此在本节将不再重复介绍 jQuery 和 PHP,而是将重点放在 Ajax、jQuery、PHP 三者的联系与应用上。

想当初在 jQuery 刚亮相之时,便立刻得到程序开发者广泛的支持,并在业界得到广泛应用,一直到今天 jQuery 在前端程序开发中的地位仍然不可动摇。我们不禁会有这样的疑惑:为什么 jQuery 会如此受欢迎呢? 原因有很多,其中包括使用 jQuery 组织代码比原生

JavaScript 更加简洁，jQuery 解决了浏览器的兼容问题，实现了"一处代码，处处运行"，还有一个重要的原因就是 jQuery 极大地简化了 Ajax 程序的开发。下面我们将通过一个实验给大家更好地展示 jQuery 是如何简化 Ajax 和 PHP 开发的。

在 PHPnow 的 htdocs 文件夹下创建一个名为 jQuery_ajax 的文件夹，进入文件夹创建一个.html 文件，具体代码如下：

```
<! DOCTYPE html>
<html>
<head>
    <meta charset="UTF-8">
    <title>jQuery_ajax 实验</title>
    <script src="./jquery.js"></script>
    <script type="text/javascript" src="./test.js"></script>
</head>
<body>
    <button>向 test.php 发送 ajax 请求</button>
</body>
</html>
```

其中分别引入两个.js 文件，一个为 jQuery 库，另一个为 Ajax 程序。这次实验的 Ajax 程序采用的是 jQuery 库所提供的 POST 方法。具体代码如下：

```
$(document).ready(function(){
    $("button").click(function(){
        $.post("./get.php",
        {
            msg:"hello world"
        },
        function(data){
            alert("后台服务器已接收到你的 Ajax 请求，你所发送的数据为:"+data);
        });
    });
});
```

后台.php 文件的代码如下：

```
<? php
    echo $_REQUEST['msg'];
? >
```

相信读者看到这段用 jQuery 组织的 Ajax 程序代码之后，再比较上一节我们采用原生 JavaScript组织的 Ajax 程序代码，是不是已经深深地被 jQuery 简洁的写法所震撼到了？用 jQuery 组织 Ajax 程序，用过的都说好！

在浏览器地址栏中输入：http://localhost/JQuery_ajax/test.html，点击发送按钮，浏览器将出现如图 7-8 所示的弹窗。

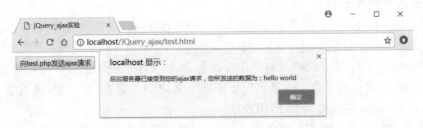

图 7-8　使用 **jQuery** 组织 **Ajax** 程序实例效果

以上就是一个用 jQuery 实现的 Ajax 程序,我们已经从实例的源代码中看出,用 jQuery 来实现 Ajax 程序确实要比用原生 JavaScript 简单、简洁很多,这也正体现了"大道至简"的哲学理念。

7.2.3　展望:Web App 和 Web Services

随着智能手机的普及,人们浏览网页的场景逐渐从传统的 PC 端浏览器转向移动端浏览器,而且在移动设备浏览网页将会变得更加普遍。可是在移动端领域早已有霸主存在,它就是 Native App。用户通过安装其发布在应用平台上的软件,就可以将其保存在手机桌面上,用户想要使用时只需点击桌面上的 App,即可享受其带来的各种服务。Native App 具有较好的用户体验、性能稳定、轻松访问本地资源等优点;但同时也有开发成本、维护成本高的缺点。

1. 什么是 Web App

Web App 指基于 Web 系统和应用,向广大最终用户发布一组内容和功能。通俗地讲,Web App 就是能像 App 应用一样运行在移动端的网页,不需要下载安装,以手机浏览器作为运行载体,也就是触屏版的网页应用。

Web App 所用技术也包括响应式布局(使用了 CSS3 媒体查询),从而完美地在移动端页面展示;调用 HTML5 标准所提供的 API,使得 Web App 具备的功能更加丰富,如调用手机设备的本地相册、摄像头、麦克风,甚至是获取手机设备所在的地理位置等原本只有 Native App 才有的功能。正如图 7-9 所示,Web App 正在强势崛起。

图 7-9　**Web App 强势崛起**

2. 什么是 Web Services

Web Services 的主要作用是将应用程序转换为网络应用程序(Web 应用程序),基本的 Web Services 平台是 XML＋HTTP,其中 XML 用来编解码数据,基于 HTTP 的 SOAP 用来传输数据。

Web Services 最主要解决的是协同工作的问题。因为大多数平台都可以通过 Web 浏览器来访问 Web,在这个过程中也就实现了不同平台之间的交互,而 Web 浏览器上运行的正是由 Web Services 构建的 Web 应用程序。

同时它也存在另外一种类型的应用,即以接口的形式为其他网站提供可调用的资源,俗称 API(应用程序编程接口)。

Web Services 拥有三种基本的元素,分别是 SOAP、WSDL 及 UDDI。SOAP 是应用程序之间通过互联网进行通信的协议,WSDL 是基于 XML 用于描述和访问 Web Services 的语言,UDDI 是一种用于存储有关 Web Services 信息的目录。以上这三种元素共同构成了 Web Services。图 7-10 展示了 Web Services 更详细的技术支持及其各自所提供的功能。

服务发现
UDDI、DISCO
服务描述
WSDL、XML、Schema、Docs
消息格式
SOAP
编码
XML
传输
HTTP、SMTP等

图 7-10　Web Services 组成要素

第 8 章　互联网数据库 MySQL 基础

前面我们已经大致了解了 PHP 的基础知识,知道如何通过 PHP 来实现服务器端动态网页的制作。现如今互联网上的信息资源已经非常丰富,以一些新闻门户网站为例,如新浪、网易等,成千上万的网民每天都在这些网站上浏览新闻。就单从每个网站的新闻量来看,就有上万条甚至是几十万条;更何况新闻的实时性非常明显,数据的变化非常快。我们不由好奇,这么多的数据究竟放在哪里? 这一章将会回答这个问题。

在现实生活中,无论什么事物,它都有一个安居的场所。桌面上零散的乒乓球终究不是它的常态,最终管理员总会将它们放入球筒中;马路上的汽车不可乱停乱放,每辆车都有自己在车库中的位置……生活中这种例子比比皆是,如果我们把球、汽车都类比成数据的话,那么球筒和车库在一定程度上就可以看作我们这一章的主角——数据库。

如果是少量的数据,可以使用普通文件记录数据,然后不规律地丢进一个普通数据库。而本章所讲的 MySQL 数据库,是一种把一堆杂乱无章的文件按照一定的关系进行整理,提取时也具有一定规律的关系数据库。在了解 MySQL 数据库之前,我们也需要先了解一下什么是数据库,什么是关系型数据库。

8.1　数据库基础

8.1.1　数据库的基本概念

1. 浅谈数据库

数据库(database),顾名思义,就是存放数据的一个大仓库。在数据库中,数据以一定的数据结构进行组织、存储和管理;也可以把它当作计算机存储设备的数据集合,由数据结合即可衍生出对数据增、删、改、查的操作。当然这个数据仓库的功能是丰富多样的,就像一个“多功能仓库”一样。就像家里的冰箱,不仅能帮助人们储存食物,还能保持食物的新鲜度、口感,必要时,甚至可以当成做雪糕的工具。数据库也随着时代的推进和科技的迅猛发展,有了更多的种类和功能,所能管理的数据类型和容量也越来越多。如图 8-1。

图 8-1　类似于数据库的“多功能仓库”——冰箱

数据库通常来说分为三种,分别是层次式数据库、网络式数据库、关系式数据库。这三者之间的差别主要在于联系和组织数据的数据结构之间的差异。而在互联网领域,最常见的数据库模型有两种:关系型数据库和非关系型数据库。这两种数据库模型都有着各自的应用场景,都产生于不同的业务需求,两者的比较这里就不再展开,感兴趣的读者可以自行搜索了解。

随着信息爆炸时代的到来,越来越多的冗余且性价比低的数据一直在"吃"着人们辛苦等来的翻倍的硬盘容量,因此如何减少数据之间的冗余度,增强数据之间的独立性和可扩展性成为开发人员急需解决的问题,同时数据共享越来越受到人们的重视。最终,在 20 世纪 60 年代,美国通用电气公司发明网状数据库 IDMS,里程碑式地打开了人类迈入数据库系统阶段的大门。紧接着,一个名叫 Edgar F. Ted Codd 的博士忽然茅塞顿开,他在 1969 年发明了关系型数据库,也就是本章所讲的 MySQL 所属的数据库类型。接下来我们重点介绍什么是关系型数据库。

2. 关系型数据库是什么

迄今为止,关系型数据库受到人们的广泛使用。理论上来说,使用关系型数据库并不需要了解其中烦琐的集合代数的理论,就好比我知道空调怎么调温度,也被初中物理老师告知空调通电后制冷系统内制冷剂的低压蒸汽被压缩机吸入并压缩为高压蒸汽后排至冷凝器,室内空气不断循环流动,以达到降低温度的目的。图 8-2 所示是空调的简单原理。

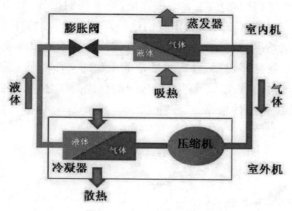

图 8-2　空调的简单原理

但我并不需要知道,空调里面的集成电路板到底是怎么装的,U 型管要怎么放,流出的浓溶液要在什么压强下流回去这堆令人头皮发麻的问题。同样,我们也很有必要来看看关系型数据库的一些基本概念。

(1)表格

关系数据库是由许许多多不同的关系串联起来构成的。这里面的每一种关系,都用一个类似于 Excel 的表格来表示,这个表格称为表文件。让我们来看一个例子,见表 8-1。

表 8-1　村民表

村民序号	姓名	地址	电话
1	张三	北街 31 号	123
2	李四	村口榕树旁第一家	456
3	王五	南苑 6 栋 5 号	789

表 8-1 虽然看起来简单,其实包含了一个表文件所必须具备的名称(村民),几个数据列,每一列所对应的不同数据和对应每个村民信息的数据行。

（2）列

表中的每一列都代表一类数据，比如姓名、地址。此外，每一列都有一个相关的数据类型。例如在表 8-1 中，序号所在列是整型数据（int），而其他列则是字符串类型（char）。列有时也称作域、属性、字段。

（3）行

表 8-1 中每一行代表了一个村民的信息。每一行具有相同的格式，也具有相同的属性。行有时也称为记录。

（4）值

每一行和每一列所交叉的部分，也就是表格中的每一项，称为值。需要注意的是，每个值必须与该列定义的数据类型相同。

（5）键

依然取表 8-1 的例子，如果想要找到某个村民，比如说张三，通过名称来查找也许是个办法。但是，我们用百度搜索一下"张三"，就会发现全中国有几千个"张三"。这也有很大概率在同一个表格里遇见两个或两个以上的"张三"。当然，区分不同的"张三"也有很多种办法，比如，我们可以把表 8-1 里的张三叫作"北街 31 号电话是 123 的张三"。这样虽然成功区分出了这个张三不是那个张三，但是太冗长，在表格中显示时，也需要几列的宽度，并不方便。

为了方便管理，表格里的序号列就给了每个村民一个独一无二的号码，就像我们常用的身份证号码一样，每个公民在那一串数字之下都变得与众不同。序列号使得将村民的详细信息存储到数据库的操作更加方便，也保证了其唯一性。

序列号所属的这一列，称为整个表格的主键。有时候，一个键有可能由几列组成，如把刚刚的那位张三称作"北街 31 号电话是 123 的张三"，这个键就包括了名字、地址、电话 3 列。

有人或许会问：一个数据库到底存在多少张数据表呢？通常来说，这是由项目需求决定的。换言之，在项目开发的开始，开发人员一般会对整个项目的需求进行详细的分析，以此来决定设计数据库到底需要多少张数据表，每张数据表以何种方式联系起来等问题。

表 8-2 是在表 8-1 的基础上增加的一个外卖订单表格，其中的村民序号列与该表格的关系用关系数据库的术语来描述就是外键。在第一个表中，村民序号是该表格的主键，但是把村民序号放在第二个表中，它就成了外键。无论是主键还是外键，都是人们追求更好的数据库索引性能的体现。

表 8-2　外卖订单表对应第一个表格中每个村民

订单序号	村民序号	价格/元	日期
1	3	20	1 月 5 日
2	1	23	1 月 9 日
3	2	35	2 月 3 日

（6）模式

关系数据库整套表格的完整设计称为数据库的模式。它是数据库的设计蓝图，就好像工程师设计一栋大楼时画的图纸。这份图纸里面并不需要精确的测量，只需要基本的轮廓和样式。同样，一个模式也不会包括任何数据。模式的表示方法有许多种，如非正式的图表、实体关系图表、文本格式等。以下是一个例子：

村民(<u>村民序号</u>,姓名,地址,电话)

外卖订单(<u>订单序号</u>,*村民序号*,价格,日期)

在一个模式中,元素带有下划线表示该元素是所在关系的主键,元素是斜体的表示该元素是所在关系的外键。

(7)关系

外键表示两个表格数据的关系。关系数据库中有 3 种关系类型,分别是一对一、一对多、多对多。

一对一关系表示两个表格中只有一种元素是相互对应的。表 8-1 的例子里,如果把地址单独分离到另一个表格里,则该表格与原来第一个表格就是一对一关系,因为一个村民只有一个地址,一个地址也只对应一个村民。

一对多关系表示两个表格中的一个表格中的一行与另一个表格中的多行具有相互关联的关系。例如一个村民可能会叫多份外卖,那么他对应的外卖订单数据也不止一行。

多对多关系表示一个表中的多行与另一个表中的多行具有相互关联的关系。例如,一个班级是由许多个老师共同教授的,一个老师也可以同时教多个班级。通常,这种关系需要三个表——"老师""班级""老师_班级"。第三个表只包含其他两个表中的键,用来表示哪些老师教了哪些班,而属于其他两个表格各自的细节数据则不在其中显示。

8.1.2　实验 8_1:使用 Microsoft Office Access 构建"金庸群侠信息库"

Microsoft Office Access 是微软旗下的办公软件之一,是一个把数据库引擎的图形用户界面和软件开发工具结合在一起的一个数据库管理系统。由于操作简便,不需要系统地学习计算机的相关知识即可操作,低成本地满足了那些从事企业管理工作的人员的管理需要,并且相比 Excel 大大提高了效率,深受管理者的欢迎。接下来,让我们做一个简单的实验,用 Access 数据库来构建一个"金庸群侠信息库"。

1. 新建空白数据库

和微软的其他办公软件类似,首先新建一个空白的数据库,如图 8-3 所示。

图 8-3　创建一个空白的数据库

2. 创建表格

作为一个关系数据库，表格是整个数据库的主题。点击上方“创建”并找到表，将左侧已经保存的表格重命名为“门派表”，并填充其中的数据，如图 8-4 所示。

门派表

门派名	门派地点	掌门人	秘传武功	单击以添加
⊞ 丐帮	洛阳	洪七公	降龙十八掌	
⊞ 明教	光明顶	阳顶天	乾坤大挪移	
⊞ 全真教	终南山	王重阳	先天神功	
⊞ 桃花岛派	桃花岛	黄老邪	弹指神功	
⊞ 武当派	武当山	张三丰	太极拳	

图 8-4　创建“门派表”

同理，创建一个“侠客表”，如图 8-5 所示。

门派表　侠客表

姓名	性别	年龄	门派	单击以添加
郭靖	男	27	全真教	
黄蓉	女	21	桃花岛派	
乔峰	男	36	丐帮	
夏雪宜	男	35	铁剑门	
张无忌	男	26	明教	

图 8-5　创建“侠客表”

3. 关联表格

将两个表关联起来，两个表共同的一项是门派，用门派一项把两个表关联起来。通过图 8-6、图 8-7 所示的步骤来完成关联。

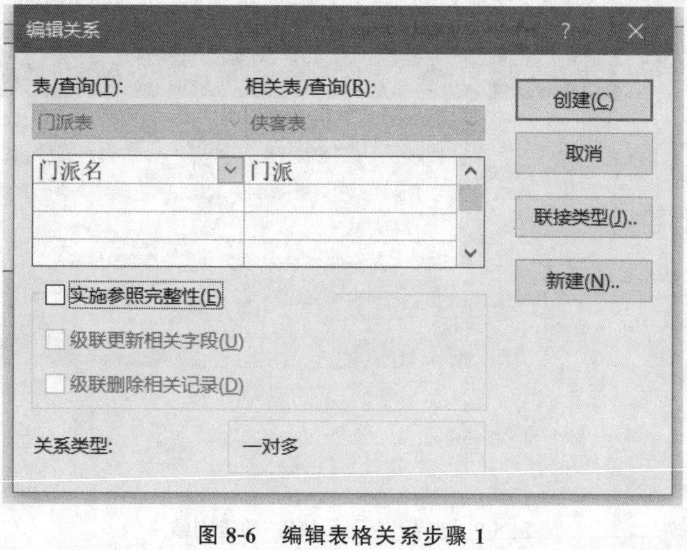

图 8-6　编辑表格关系步骤 1

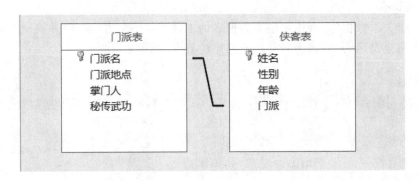

图 8-7　编辑表格关系步骤 2

此时,一个"金庸群侠信息库"就大致建立完毕了。我们可以根据个人需要来建立查询。下面是两个普通查询的举例。

4. 创建查询

点击创建查询,将侠客表添加进来,并将查询命名为"查询女侠客",其他设置如图 8-8 所示。

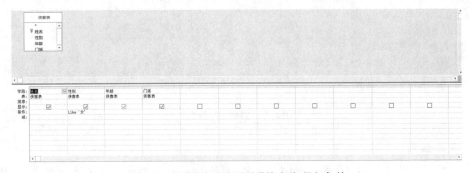

图 8-8　设置"查询女侠客"的查询项和条件

如图 8-9,再次进入查询时可以看到系统已经从"侠客表"中将女侠客查询完毕。

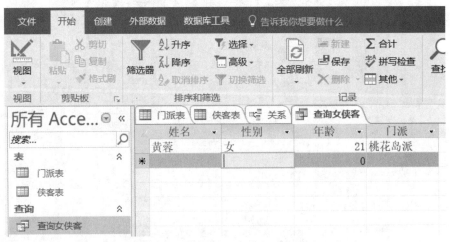

图 8-9　查看"查询女侠客"的查询结果

如图 8-10,再建立一个"侠客可能会掌握的杀手锏"的查询。此时需要导入两个表格,就是一开始创建的"门派表"和"侠客表"。

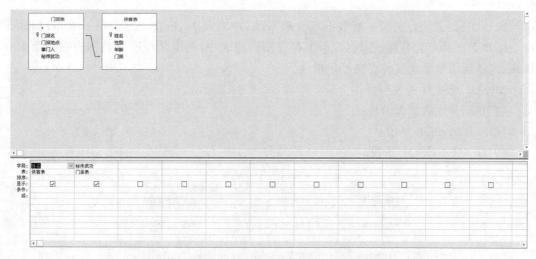

图 8-10 设置"侠客可能会掌握的杀手锏"的查询项

从图 8-10 可以看到,两者已经通过门派一项被关联。此时,只显示姓名和秘传武功。创建图 8-11 中的查询后,系统便会自动根据该侠客所在的门派关联出他会什么秘传武功。

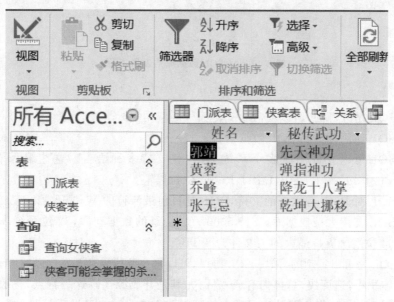

图 8-11 查看"侠客可能会掌握的杀手锏"的查询结果

本小节所做的实验是 Access 比较简单基础的用法,旨在让大家理解什么是关系数据库,以便更好地进行后面 MySQL 数据库的学习。

8.2　MySQL 互联网数据库的使用

MySQL 是最流行的关系型数据库管理系统，由瑞典 MySQL AB 公司开发，目前属于 Oracle 旗下产品。关系数据库将数据保存在不同的表中，而不是将所有数据放在一个大仓库内，这样就增加了速度并提高了灵活性。

MySQL 数据库的发展概括为三个阶段，如图 8-12 所示。

(1)初期开源数据库阶段；

(2)Sun MySQL 阶段；

(3)Oracle MySQL 阶段。

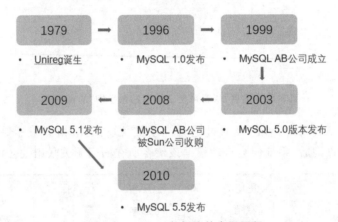

图 8-12　MySQL 数据库的发展历程

MySQL 的优点：

● MySQL 是开源的，所以不需要支付额外的费用。

● MySQL 使用标准的 SQL 数据语言形式。

● MySQL 可以允许用于多个系统上，并且支持多种语言。这些编程语言包括 C、C++、Python、Java、Perl、PHP、Eiffel、Ruby 和 Tcl 等。

● MySQL 对 PHP 有很好的支持，PHP 是目前最流行的 Web 开发语言。

● MySQL 支持大型数据库，支持 5000 万条记录的数据仓库，32 位系统表文件最大可支持 4 GB，64 位系统支持最大的表文件为 8 TB。

● MySQL 是可以定制的，采用 GPL 协议，可以修改源代码来开发自己的 MySQL 系统。

由于其体积小，速度快，总体拥有成本低，尤其是开放源代码这一特点，一般中小型网站的开发都选择 MySQL 作为网站数据库。接下来我们来尝试自己动手下载与配置 MySQL。

8.2.1　MySQL 的下载与配置

现在我们来自己动手下载配置一个 MySQL。

首先我们从 MySQL 的官网下载安装包 http://dev.mysql.com/downloads/mysql/，进入链接后显示图 8-13 所示的界面。这里我们选择 64 位的压缩包，也可以根据需要进行选择，点击 Download 跳转到图 8-14 所示的界面，点击"No thanks,just start my download."进行安装。

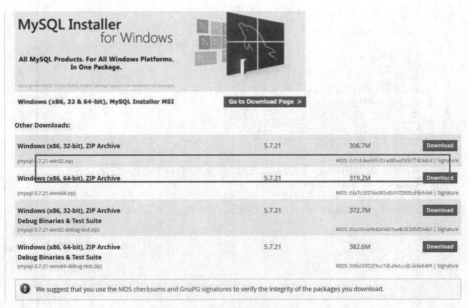

图 8-13　MySQL 的下载(1)

图 8-14　MySQL 的下载(2)

　　把压缩包下载到 D 盘新建的 web 文件夹下,解压后将文件夹重命名为 mysql,方便后续操作。

　　本次实验使用的是 Win 10 系统。步骤如下:

　　(1)在查看→显示/隐藏勾选文件扩展名和隐藏的项目。

　　(2)在这个 mysql 文件夹中配置一个 my.ini 文件,内容如图 8-15 所示。可以先在记事本中编辑好后,直接把这个 txt 文件重命名为 my.ini。注意图 8-15 中框出的部分,路径需要修改为 mysql 的存放路径。

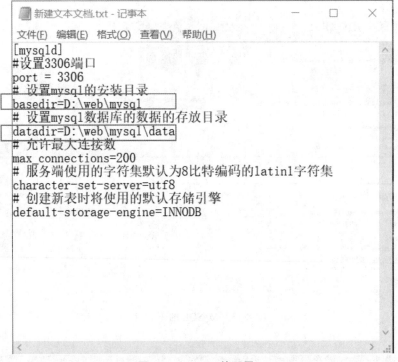

图 8-15 my.ini 的配置

(1)右键点"开始",选择开启管理员命令行提示符 Windows PowerShell(管理员)。

(2)进入 mysql 的 bin 文件夹下,依次输入:

d:

cd web

cd mysql

cd bin

(这是我们的安装路径,需要读者针对自己的安装路径进行调整。)

(3)输入 mysqld --install --defaults --file="my.ini";

(4)输入 mysqld --install db;(安装 db 服务,这里的 db 只是个名字,可以进行修改,不过后续的 db 都要改成设定的名字。)

(5)输入 net start db;(到此为止,会显示 db 服务启动成功。如果出现发生系统错误 1067 的情况,有可能是 my.ini 中的路径设置没有对应到 MySQL 安装路径。)

(6)输入 mysqladmin --u root --p password;,提示输入密码直接回车,然后两次输入和确认新密码。输入 mysql --h localhost --u root --p;,根据提示输入新密码,成功访问 mysqld 服务。如果出现以下情况,在命令前加".\"就能解决。

Suggestion [3,General]:找不到命令 mysql,但它确实存在于当前位置。默认情况下,Windows PowerShell 不会从当前位置加载命令。如果信任此命令,请改为键入".\mysql"。有关详细信息,请参阅"get—help about_Command_Precedence"。

(7)当出现 Welcome…时,就完成了 mysql 服务器软件的安装、配置、启动。

(8)安装配置好 MySQL 后,每一次进入 MySQL,都需要在管理员权限的命令行提示符中进入到 bin 文件夹,输入 mysql -u root -p;,按照提示输入密码进入 MySQL。

8.2.2　MySQL 的基本操作——CRUD

CRUD 指的是 create(增加)、retrieve(读取查询)、update(更新)及 delete(删除)几个操作,可以分别使用 INSERT、SELECT、UPDATE、DELETE 四个 SQL 语句来进行操作。我们以图 8-16 的简易数据表为例进行增删读改操作。这个数据表 mytable 位于数据库 mydb 中。

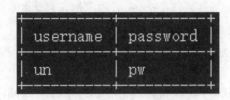

图 8-16　简易数据表

以下语句都是在进入数据表(这里是 mytable)的情况下进行操作的,如果还没有新建数据库和数据表,请参考 8.2.3 的操作。

1. INSERT

INSERT 命令可以按照数据表字段数据将数据塞入数据表中,在新建好一个表头为 username 和 password 的数据表后,把 username 为 un,password 为 pw 的信息塞入表中,输入:

insert into mytable values(' un ',' pw ');

可以不按顺序来插入,如果是这样,就输入“insert into mytable (password,username) values(' pw ',' un ');”。

还可以一次插入多组数据,输入“insert into mytable values (' un1 ',' pw1 '),(' un2 ',' pw2 ');”。

需要注意的是,当要插入的数据为字符串时,字符串数据需要在双引号或单引号中,而数字和日期则不需要。

2. SELECT

使用 SELECT 命令可以查询一整个数据表及数据表中的符合条件的数据内容。我们查询一整个数据表:

输入“select * from mytable;”,查询指定条件的数据(这里查询的是 username 为 un 的数据):

select * from mytable where username=' un ';

3. UPDATE

使用 UPDATE 命令可以修改数据表中的数据(这里修改的是 password 为 pw 的那一组数据)。如果没有使用 where 来限定需要修改更新的数据,那么所有数据的 username 字段都将被修改更新为 change,输入如下代码:

update mytable set username=' change ' where password=' pw ';

4. DELETE

使用 DELETE 命令可以删除数据表中的数据:

输入“delete from mytable;”,删除数据表中所有数据。

输入"delete from mytable where username='un';",删除数据表中 username 为 un 的数据。

8.2.3 数据的导出与导入

首先我们在 MySQL 中先新建一个数据库,并在数据表中插入内容,再进行导出。

注意:安装配置好 MySQL 后,每一次进入 MySQL 都需要在管理员权限的命令行提示符中进入到 bin 文件夹,输入 mysql -u root -p,按照提示输入密码进入 MySQL。

1. 新建一个名为 mydb 的数据库

"输入 create database mydb;"(这里 mydb 是我们的数据库名,可以修改为自己的数据库名。)

输入"show databases;"(可以看到我们创建好的数据库 mydb)。

2. 在数据库中新建一个表

输入:

create table mytable(username varchar(20),password varchar(20));

[mytable 这里可修改为自己的表名。表中包含(最多可输入 20 个字符的)username 表头和(最多可输入 20 个字符的)password 表头,如图 8-17 所示。]

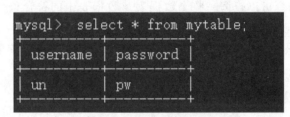

```
mysql> create table mytable(username varchar(20),password varchar(20));
Query OK, 0 rows affected (0.65 sec)

mysql> insert into mytable values('un','pw');
Query OK, 1 row affected (0.08 sec)
```

图 8-17 新建数据表

3. 把 username 为 un,password 为 pw 的信息塞入表中

输入:

insert into mytable values('un','pw');

4. 查看数据表

输入"select * from mytable;",如图 8-18 所示。

```
mysql> select * from mytable;
+----------+----------+
| username | password |
+----------+----------+
| un       | pw       |
+----------+----------+
```

图 8-18 已经塞入数据的数据表

5. 导出数据库

输入"exit;",退出数据库(直接导出数据是会失败的,因此我们需要先退出数据库)。

● 输入 mysqldump -u 用户名 -p 数据库名>导出的文件名,如图 8-19 所示。

(我们输入的是.\mysqldump -u root -p mydb> abc.sql;。这里 root 一般是默认的用户名,如果没有特别进行设置则无须更改;mydb 改为数据库名;abc.sql 则改为数据文件的输出名。)

```
PS D:\web\mysql\bin> .\mysqldump -u root -p mydb > abc.sql;
Enter password: ****
PS D:\web\mysql\bin>
```

图 8-19　导出数据库

6. 导出数据表

输入：

mysqldump -u 用户名 -p 数据库名表名＞导出的文件名

（这里我们输入的是.\mysqldump -u root -p mydb mytable＞ abc2. sql;。）

如果导出数据库或数据表时出现图 8-19 或图 8-20 的回复，表示 sql 文件已经成功导出到 bin 文件夹下了。

```
PS D:\web\mysql\bin> .\mysqldump -u root -p mydb mytable > abc2.sql;
Enter password: ****
PS D:\web\mysql\bin>
```

图 8-20　导出数据表

我们去 bin 文件夹下把 abc.sql 另存为 abc1. sql，编码方式改为 UTF-8，如图 8-21 所示，否则将来导入 sql 文件可能出错。

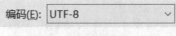

图 8-21　改变编码方式

7. 导入数据库

需要先进入 MySQL，新建一个数据库（这里新建的数据库名是 mydb1）。

注意：安装配置好 MySQL 后，每一次进入 MySQL，都需要在管理员权限的命令行提示符中进入到 bin 文件夹，输入“mysql -u root -p;”，按照提示输入密码进入 MySQL。

输入“create database mydb1;”（创建一个名为 mydb1 的数据库）。

输入“use mydb1;”（使用 mydb1）。

输入“source abc1. sql;”（导入的 sql 文件）。

当出现一长串 OK 的时候就代表导入成功了。

8. 再来看看导入的数据表 mytable

● 输入 select ＊ from mytable;（出现如图 8-22 所示表格）

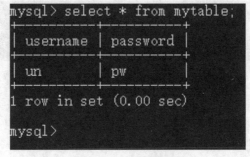

图 8-22　导入的数据

至此,我们已经完整地演示了一遍 MySQL 数据的导出与导入,我们把数据库 mydb 的数据导出,并且导入到 mydb1 数据库中。

如果想要退出数据库,就输入 quit。不过要再次进入,记得要:

- 输入"mysql -u root -p;",再根据提示输入密码。
- 输入"use mydb1;"。

这样才能再次进入 mydb1 数据库。如果使用 exit 命令,那么整个窗口都会关掉,再次进入时,在输入上面命令之前,记得要到 mysql/bin 文件夹下。

8.2.4 实验 8_2:使用 PHP+MySQL 实现"侠客注册与登录系统"

1. PHP+MySQL 的配置

实验环境:Win 10,mysql-5.6.23-win32,PHPnow-1.5.6。其中 MySQL 的下载地址是 http://dev.mysql.com/downloads/mysql/,PHPnow-1.5.6 可在百度中搜索轻易获得安装包。

这里的 MySQL 版本可以自由选择,当然也可以使用 PHPnow 自带的 MySQL,实验会演示不使用 PHPnow 自带的 MySQL 的操作。这里我把 PHPnow-1.5.6 的文件夹重命名为 phpnow,方便后续操作。以下操作用管理员权限打开命令行提示符。

(1)进入 phpnow 的文件夹下。

(2)输入 .\setup. cmd。

(3)如图 8-23 所示,分别输入 20 和 50。

(4)设置密码,如图 8-24 所示。

(5)当要删除 PHPnow 时,直接删除文件夹是删不掉的,需要在管理员权限的命令行提示符中进入 phpnow 文件夹下,输入"pncp. cmd;",输入 33 进行强制卸载,在这之后就可以删除 phpnow 的文件夹了。

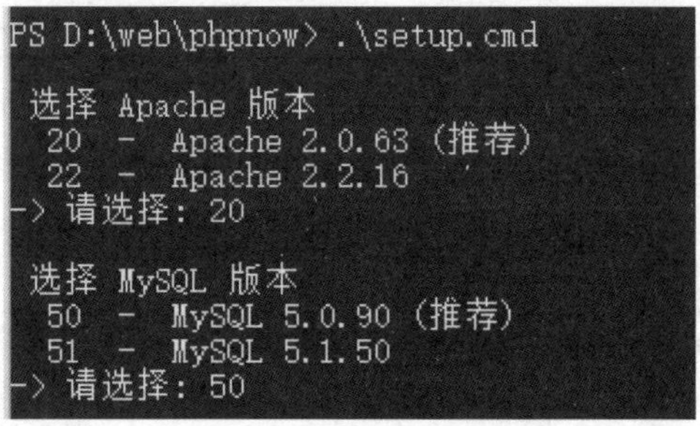

图 8-23 安装 PHPnow

图 8-24 设置密码

安装过程中,可能会出现 3306 端口被占用,无法启动 MySQL,或 80 端口被占用,无法启动 Apaches 的情况。如果先前安装过 MySQL,需要先停止 MySQL 的服务(可以在任务管理器中停止),同时,在此电脑右键管理→服务和应用程序→服务→找到 Apache,选择停止此服务。

这里,不想使用 PHPnow-1.5.6 自带的 MySQL,想使用之前已经安装好的 mysql-

5.6.23-win32。安装好 PHPnow 后,在任务管理器中停止 MySQL 服务,然后在管理员命令提示符中重新开启 MySQL。此时,打开的 MySQL 是之前装好的 mysql-5.6.23-win32。

(1)进入 MySQL 的 bin 文件下,开启 db 服务 net start db。

(2)进入 bin 文件夹下,输入".\mysql -h localhost -u root -p;"。

(3)输入密码,进入 MySQL。

这样,PHPnow 和 MySQL 就配置好了,以上是 PHPnow 的安装和 MySQL 的配置。

2. 实现注册登录功能

要实现注册登录功能,不仅要有给用户看的页面,还需要配置数据库。

首先我们在 MySQL 中建立数据库和数据表。这里新建一个名为 jyhero 的数据库,并在这个数据库中建立一个名为 user 的数据表。在管理员命令提示符中进入 bin 文件夹:

● 输入".\mysql -h localhost -root -p;"(根据提示输入密码,进入 MySQL)。

● 输入"create databases jyhero;"(新建一个名为 jyhero 的数据库)。

● 输入"use jyhero;"(使用 jyhero 数据库)。

● 输入"create table user(username varchar(20),password varch(20));"(创建一个名为 user 的数据表,表头是 20 个字符长度限制的 username 和 password)。

● 输入"insert into user values(' jxq ',' mima ');"(注:这里是插入 username 为 jxq,paswword 为 mima 的一组数据,检测一下数据表是否建成)。

● 输入"select ＊ from user;"(查看名为 user 的数据表)。

以上步骤如图 8-25 所示。

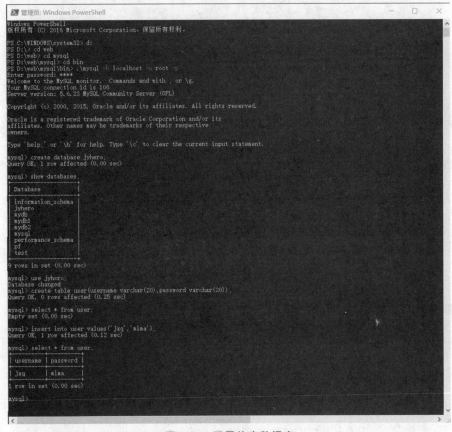

图 8-25　配置侠客数据库

3. 规划需要的页面

做一个侠客注册登录系统,需要做多少个页面？至少要有 3 个页面:登录、注册、欢迎页。而登录和注册页需要连接 MySQL,所以要有相应的 PHP,一共是 5 个页面。

这里,我们建了一个名字为 new 的文件夹,放入 phpnow 文件夹中的 htdocs 文件夹下,当要进行访问时,在浏览器中输入网址 localhost/new 即可访问登录页。这里的 index.html 会默认为访问 localhost/new 的首页,如果需要直接访问注册页面,可以输入网址 localhost/new/register.html。以下是我们编写的 5 个文件:

index.html

enter.php

register.html

register.php

welcome.html

当在登录页输入一个不存在的账号时,会显示"用户名不存在,请先注册",如图 8-26 所示。

图 8-26　用户名不存在界面

随即跳转到注册页,如图 8-27 所示。

图 8-27 注册界面

注册完毕后显示"注册成功"并跳转回登录页,如图 8-28 所示。

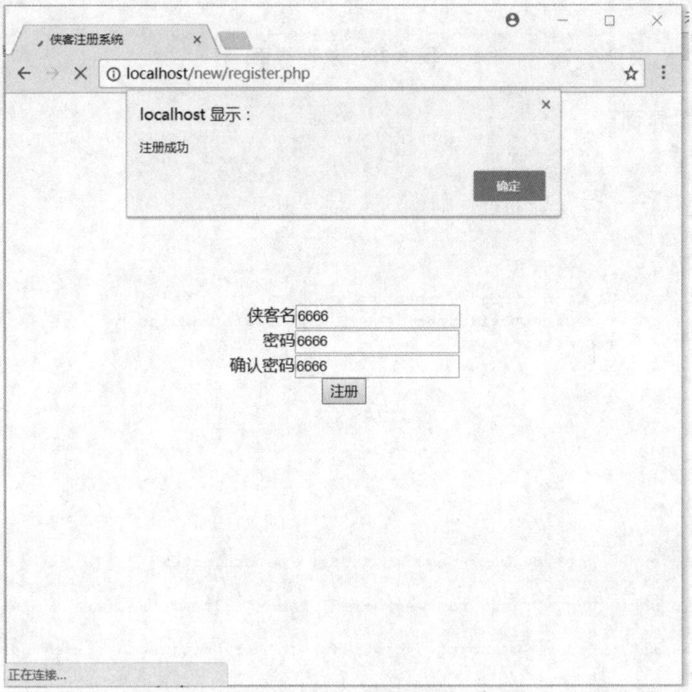

图 8-28 注册成功

在登录页重新输入注册过的账号和密码，即可进入欢迎界面，如图 8-29 所示。

图 8-29　欢迎界面

4.index.html 界面

代码如下：

```
1  <!doctype html>
2  <html>
3  <head>
4  <meta charset="UTF-8">
5  <meta http-equiv="X-UA-Compatible" content="IE=edge">
6  <meta name="viewport" content="width=device-width, initial-scale=1">
7  <title>侠客注册登录系统</title>
8  <style type="text/css">
9  form
10   {
11    text-align: center;
12    margin-top: 200px;
13   }
14  </style>
15  </head>
16  <body>
17    <form action="enter.php" method="post" onsubmit="return enter()">
18      <section class="content">
19          侠客名<input  type="text" id="username"  name="username"/>
20          <br>
21             密码<input  type="password" id="password"  name="password"/>
22      </section>
23          <input type="submit" value="登录" />
24          <a href="register.html"> <input type="button" value="注册" id="register_button" /> </a>
25    </form>
```

164

```
26    <script type="text/javascript">
27      function enter()
28      {
29        var username=document.getElementById("username").value;//获取用户输入的侠客名
30        var password=document.getElementById("password").value;//获取用户输入的密码
31        var regex=/^[/s]+$/;///判断侠客名前后是否有空格
32        if(regex.test(username)||username.length==0)//判定侠客名的是否前后有空格或侠客名是否为空
33          {
34            alert("侠客名格式不对");
35            return false;
36          }
37        if(regex.test(password)||password.length==0)
38          {
39            alert("密码格式不对");
40            return false;
41          }
42          return true;
43      }
44      function register()
45      {
46        window.location.href="register.html";//跳转到注册页面
47      }
48    </script>
49  </body>
50  </html>
```

5. enter.php 登录程序逻辑

代码如下：

```
1   <!doctype html>
2   <html>
3   <head>
4     <meta charset="UTF-8">
5     <title>登录系统的后台执行过程</title>
6   </head>
7   <body>
8     <?php
9       session_start();//登录系统开启一个session内容
10      $username=$_REQUEST["username"];//获取html中的侠客名（通过post请求）
11      $password=$_REQUEST["password"];//获取html中的密码（通过post请求）
12
13      $con=mysql_connect("localhost","root","root");//连接mysql,账户名
14  root ，密码root
15      if (!$con) {
16        die('数据库连接失败'.$mysql_error());
17      }
18      mysql_select_db("jyhero",$con);//使用 jyhero数据库;
19      $dbusername=null;
20      $dbpassword=null;
21      $result=mysql_query("select * from user where
22  username='{$username}' ;");//找出对应侠客名的信息
23      while ($row=mysql_fetch_array($result)) {
24
25        $dbusername=$row["username"];
26        $dbpassword=$row["password"];
27      }
28      if (is_null($dbusername)) {//侠客名在数据库中不存在时alert并回到
29  index.html
30    ?>
31    <script type="text/javascript">
32      alert("侠客名不存在,请先注册");
33      window.location.href="register.html";
34    </script>
35    <?php
36      }
```

```
37      else {
38        if ($dbpassword!=$password){//密码不对时回到index.html
39    ?>
40    <script type="text/javascript">
41      alert("密码错误，请重新登录");
42      window.location.href="index.html";
43    </script>
44    <?php
45        }
46      else {
47        $_SESSION["username"]=$username;
48        $_SESSION["code"]=mt_rand(0, 100000);//给session一个随机值，防止
49  用户直接通过调用界面访问welcome.php
50    ?>
51    <script type="text/javascript">
52      window.location.href="welcome.html";
53    </script>
54    <?php
55        }
56      }
57    mysql_close($con);//关闭数据库连接
58    ?>
59  </body>
60  </html>
```

6. register.html 注册界面

代码如下：

```
1   <!doctype html>
2   <html>
3   <head>
4   <meta charset="UTF-8">
5   <title>侠客注册系统</title>
6   <style type="text/css">
7   form
8    {
9     text-align: center;
10    margin-top: 200px;
11   }
12  </style>
13  </head>
14  <body>
15   <form action="register.php" method="post" name="form_register"
16      onsubmit="return checkvalue(this)">
17    <section class="content">
18             侠客名<input type="text"
19  id="username" name="username" />
20        <br>
21                密码<input
22  type="text" id="password" name="password" />
23        <br>
24        确认密码<input type="text" id="assertpassword"
25  name="assertpassword" />
26    </section>
27        <input type="submit" value="注册">
28   </form>
```

```
29    <script type="text/javascript">
30      function check() {
31        var username=document.getElementById("username").value;
32        var password=document.getElementById("password").value;
33        var assertpassword=document.getElementById("assertpassword").value;
34        var regex=/^[/s]+$/;
35
36        if(regex.test(username)||username.length==0){
37          alert("侠客名格式不对");
38          return false;
39        }
40        if(regex.test(password)||password.length==0){
41          alert("密码格式不对");
42          return false;
43        }
44        if(password!=assertpassword){
45          alert("两次密码不一致");
46          return false;
47        }
48      }
49    </script>
50  </body>
51  </html>
```

7. register.php 注册程序逻辑

代码如下：

```
1  <!doctype html>
2  <html>
3  <head>
4  <meta charset="UTF-8">
5    <title>侠客注册系统</title>
6  </head>
7  <body>
8    <?php
9      session_start();
10     $username=$_REQUEST["username"]; //获取html中用户输入的侠客名
11     $password=$_REQUEST["password"]; //获取html中用户输入的密码
12
13     $con=mysql_connect("localhost","root","root"); //连接mysql,账户名
14  root , 密码root
15     if (!$con) {
16       die('数据库连接失败'.$mysql_error());
17     }
18     mysql_select_db("jyhero",$con);
19     $dbusername=null;
20     $dbpassword=null;
21     $result=mysql_query("select * from user where username ='{$username}' and
22  isdelete =0;"); //从数据表中查找侠客名；isdelete表示在数据库已被删除
23  的内容
24     while ($row=mysql_fetch_array($result)) {
25       $dbusername=$row["username"];
26       $dbpassword=$row["password"];
27     }
28     if(!is_null($dbusername)){ //用户名在数据库中不存在时alert并回到register.html
29     ?>
30    <script type="text/javascript">
31      alert("侠客名已存在");
32      window.location.href="register.html";
33    </script>
```

```
34    <?php
35      }
36      mysql_query("insert into user (username,password)
37  values('{$username}','{$password}')") or die("存入数据库失败
38  ".mysql_error()) ;
39      mysql_close($con);
40    ?>
41    <script type="text/javascript">
42      alert("注册成功");
43      window.location.href="index.html";
44    </script>
45  </body>
46  </html>
```

8. welcome.html 主页界面

代码如下：

<! doctype html>

<html>

<head>

<meta charset="UTF-8">

<title>欢迎界面</title>

</head>

欢迎侠客！

<body>

</body>

</html>

简易的侠客注册登录系统到这里就基本完成了。当然这还不够美观，我们可以对页面进行一些 CSS 美化。

第9章 综合案例——信息发布与门户网站

下面以一个简单而有趣的作品"金庸群侠传"(图 9-1)为例,讲解一个含有信息发布功能的信息门户的设计与实现(前后端全栈)。功能描述:各路侠客可以注册、登录,并发布信息;江湖中任何人士均可查看该信息门户,浏览信息。

图 9-1 综合案例:金庸群侠传

9.1 数据库设计与初始化

9.1.1 设计数据表

在我们开始项目之前,我们先来了解一个 Web 项目的开发流程。是直接打开编辑器敲代码? 还是看着庞大的项目无从下手? 显然都不是。一个 Web 项目的开发流程也符合常见的软件开发流程,大致分为这几个阶段:需求分析—软件设计—程序编码—软件测试。其中软件设计就包括数据库设计。由此可见,在设计数据库之前,我们需要对项目的需求进行精确的分析。

"金庸群侠传"是信息门户与信息发布系统,显然存在这么几个需求:注册、登录、信息发布、信息浏览等。从这几个需求,我们可以得出:针对这个项目,我们需要建立一个数据库(这里以 MySQL 为例);在这个数据库中,我们需要建立两张表:一张存储侠客注册、登录的数据,另一张存储侠客详细信息的数据。

对于注册、登录表的设计,我们回忆平时在各大网站注册、登录时的场景,一般都会要求我们输入用户名和密码,因此这张表至少应该建立两个数据字段:一个为 username,另一个为 password。在一些情况下,人们往往还会增加一个数据字段 id 作为自增主键,当作索引,提高检索效率。出于本项目数据量相对较小，所以没有设置自增主键，读者可根据项目具体需求，自行决定。

对于存储侠客具体信息的数据表，一切从需求出发。本系统将准备采集侠客的信息有侠客头像、姓名、性别、年龄、门派、武功这六项基本信息，因此我们将建立六个数据字段，分别为 pic、name、sex、age、type、skill，这里同样不设置自增主键 id，读者可自行决定设置与否。接下来将结合具体代码，为读者更加具体地展开项目。

9.1.2 建立和管理数据库服务环境

首先通过组合键 Win+R，打开运行，键入 cmd 进入 Windows 命令行程序环境（cmd 环境），依据电脑上 MySQL 的安装路径，进入 MySQL 的 bin 目录下，如图 9-2 所示。

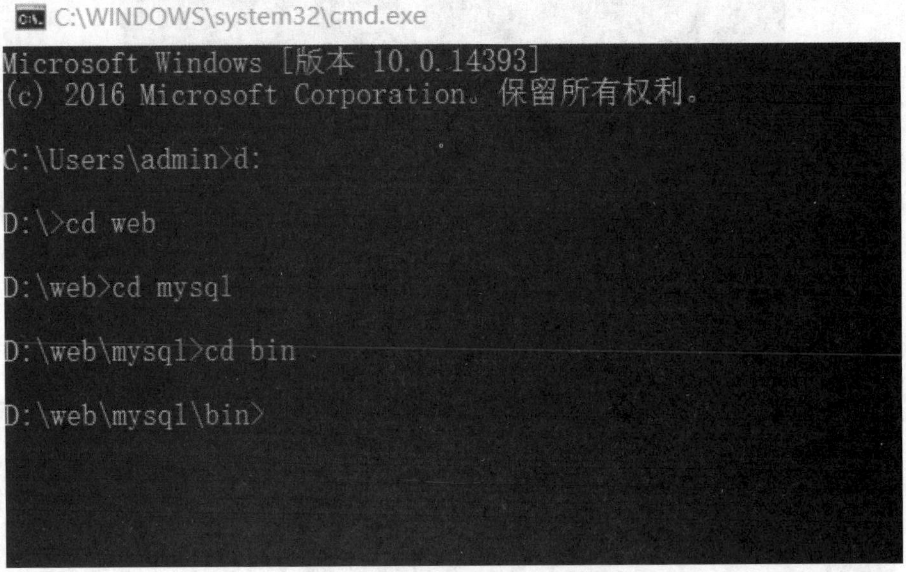

图 9-2 进入 MySQL bin 目录下

接着，键入 mysql -h localhost -u root -p，MySQL 会自动提示输入密码，键入密码即可进入，成功进入 MySQL 的界面如图 9-3 所示。

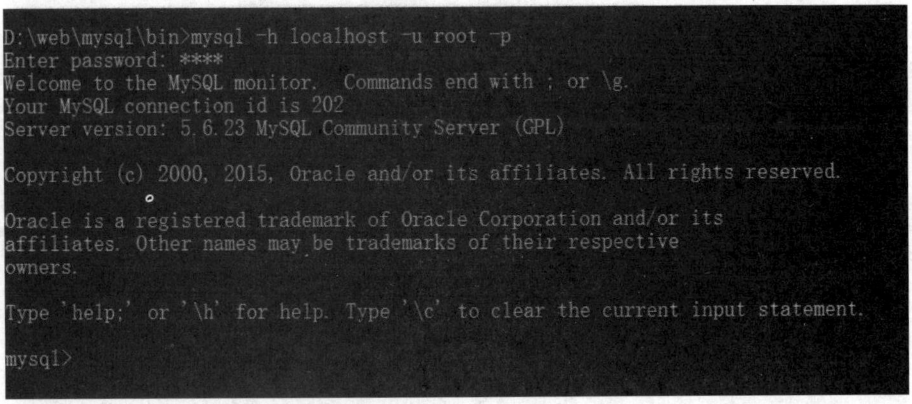

图 9-3 成功进入 MySQL

接下来,我们将创建一个名为 database 的数据库,键入:

CREATE DATABASE ' database ' DEFAULT CHARACTER SET utf8 COLLATE utf8_general_ci;

数据库创建完毕。接下来,我们将创建一张名为 user 的数据表,因为无论是注册还是登录,侠客所输入的就是用户名和密码这两项数据,因此 user 数据表将建立两个字段名,一个为 username,另一个为 password,键入:

CREATE TABLE ' database '.' user '(

' username ' VARCHAR (100) NOT NULL,

' password ' VARCHAR (100) NOT NULL

) ENGINE＝INNODB CHARACTER SET utf8 COLLATE utf8_general_ci;

user 数据表创建完毕。接着,我们继续创建一张名为 info 的数据表,用来存储侠客的详细信息。系统为侠客所设计呈现的个人信息包括个人头像、姓名、性别、年龄、门派、武功这 6 项基本信息,因此 info 数据表将建立六个字段名,分别为 pic、username、sex、age、type、skill,键入:

CREATE TABLE ' database '.' info ' (

' pic ' VARCHAR (200) NOT NULL,

' username ' VARCHAR (100) NOT NULL,

' sex ' VARCHAR (10) NOT NULL,

' age ' INT (10) NOT NULL,

' type ' VARCHAR (100) NOT NULL,

' skill ' VARCHAR (100) NOT NULL

) ENGINE＝INNODB CHARACTER SET utf8 COLLATE utf8_general_ci;

info 数据表创建完毕。至此,该项目数据库、数据表设计部分完成,数据库环境已经建立。我们也可以查看刚才所创建的数据库与数据表。查看数据库,键入:

show databases;

即可看到刚才所创建的数据库。

use database;

进入 database 数据库。

show tables;

显示所有的数据表,最终如图 9-4 所示。

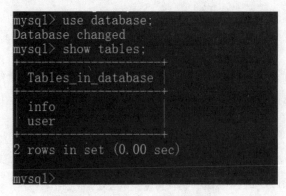

图 9-4　显示 info、user 数据表

9.2　信息发布与管理系统的实现

9.2.1　开源在线编辑器 KindEditor 的配置和使用

那么侠客将如何发布信息呢？在页面上弄几个输入框就行了吗？确实，侠客可以将信息输入文本框，再通过表单提交至后台服务器。但是本项目中侠客还可以上传个人头像呢，单一个输入框恐怕就没那么容易实现（当然借助一定的技术也可以实现）。或许还有这样的需求：侠客所要发布的信息比较多，需要对文字、段落进行一定的编辑处理，比如改变文字的大小、粗细、颜色等，那么一个输入框就显得无能为力了。

这时候，KindEditor 这款开源在线编辑器就是我们的得力助手了。通过这款在线编辑器，我们可以轻松地将本地的图片上传，可以方便地对大段文字，甚至是大篇幅的文章进行各种编辑处理，可以很好地满足用户对图片、文字的编辑需求。因此，我们很自然地将它引入我们的项目中，为侠客发布信息时编辑信息提供良好的服务。那么，我们要如何使用它呢？如何将它引入我们的项目呢？我们可以进入 KindEditor 的官方网站，点击"下载"，即可找到其安装包，直接点击安装包即可下载，如图 9-5 所示。

图 9-5　KindEditor 官网下载链接

解压安装包，得到的 KindEditor 文件夹就是我们想要的，也就是 KindEditor 的核心包。我们可以通过类似如下的代码（文件的具体路径需依照自己电脑上的文件存储路径），将 KindEditor 引入需要用到它的页面中：

```
<link rel="stylesheet" href="../themes/default/default.css" />
<link rel="stylesheet" href="../plugins/code/prettify.css" />
<script charset="UTF-8" src="../kindeditor.js"></script>
```

```
<script charset="UTF-8" src="../lang/zh_CN.js"></script>
<script charset="UTF-8" src="../plugins/code/prettify.js"></script>
```

上面的代码分别引入了 KindEditor 基本配置文件，包括呈现基本样式的.css 文件，支持其运行的核心.js 文件等。在引入其核心文件后，我们还需要在页面上对其进行"激活"。

首先在页面上创建一个输入框，代码如下：

```
<textarea name="content1" style="width:700px;height:200px;visibility:hidden;"></textarea>
```

接着，KindEditor 在该页面激活，代码如下：

```
<script>
    KindEditor.ready(function(K) {
        var editor1=K.create('textarea[name="content1"]', {
            cssPath : '../plugins/code/prettify.css',
            uploadJson: '../php/upload_json.php',
            fileManagerJson: '../php/file_manager_json.php',
            allowFileManager: true,
            afterCreate: function() {
                var self=this;
                K.ctrl(document,13,function() {
                    self.sync();
                    K('form[name=example]')[0].submit();
                });
                K.ctrl(self.edit.doc,13,function() {
                    self.sync();
                    K('form[name=example]')[0].submit();
                });
            }
        });
        prettyPrint();
    });
</script>
```

创建一个 test 文件夹，在 test 文件夹下创建一个名为 demo.php 的文件，其代码如图 9-6所示。

```
1  <!doctype html>
2  <html>
3  <head>
4      <meta charset="utf-8" />
5      <title>KindEditor PHP</title>
6      <link rel="stylesheet" href="./kindeditor/themes/default/default.css" />
7      <link rel="stylesheet" href="./kindeditor/plugins/code/prettify.css" />
8      <script charset="utf-8" src="./kindeditor/kindeditor.js"></script>
9      <script charset="utf-8" src="./kindeditor/lang/zh_CN.js"></script>
10     <script charset="utf-8" src="./kindeditor/plugins/code/prettify.js"></script>
11     <script>
12         KindEditor.ready(function(K) {
13             var editor1 = K.create('textarea[name="content1"]', {
14                 cssPath : './kindeditor/plugins/code/prettify.css',
15                 uploadJson : './kindeditor/php/upload_json.php',
16                 fileManagerJson : './kindeditor/php/file_manager_json.php',
17                 allowFileManager : true,
18                 afterCreate : function() {
19                     var self = this;
20                     K.ctrl(document, 13, function() {
21                         self.sync();
22                         K('form[name=example]')[0].submit();
23                     });
24                     K.ctrl(self.edit.doc, 13, function() {
25                         self.sync();
26                         K('form[name=example]')[0].submit();
27                     });
28                 }
29             });
30             prettyPrint();a
31         });
32     </script>
33 </head>
34 <body>
35     <form name="example" method="post" action="demo.php">
36         <textarea name="content1" style="width:700px;height:200px;visibility:hidden;"></textarea>
37         <br />
38         <input type="submit" name="button" value="提交内容" /> (提交快捷键: Ctrl + Enter)
39     </form>
40 </body>
41 </html>
```

图 9-6　demo.php 的完整代码

　　将刚才解压得到的整个 KindEditor 文件夹复制到 test 文件夹下，将 test 文件夹置于 PHPnow 的 htdocs 的目录之下，在浏览器地址栏键入：localhost/test/demo.php，即可看到如图 9-7 所示效果，说明页面引入 KindEditor 成功。

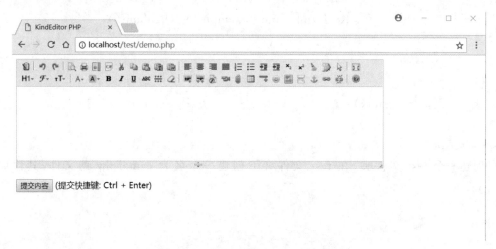

图 9-7　页面成功引入 KindEditor

　　我们可以在编辑框中输入任意文字，选择编辑框上方工具栏中的各种编辑处理功能，对文字进行编辑处理；可以点击"上传图片"按钮，上传图片；可以插入 HTML 代码；还可以嵌入百度地图等，功能十分强大。当用户输入完毕后，只需点击"提交内容"按钮或按"Ctrl＋

Enter"组合键,输入的内容将会发送到目的地(指定的后台服务器脚本文件)。以上就是对开源在线编辑器 KindEditor 的配置和使用的简单介绍,如需更加详细的使用操作,请参考官方文档。

9.2.2　内容发布页面的设计与实现

通过前面的叙述,我们已经熟悉了如何配置和使用 KindEditor,接下来我们就可以来开发内容发布页面了。内容发布页面,顾名思义就是用来给侠客们发布个人信息的,而这些信息最终将被发送到后台,因此我们的开发思路就很清晰了,这个页面的主体是一个表单。出于侠客头像上传、信息编辑的需求,创建表单内的文本框我们需要借助于 KindEditor。

首先在 PHPnow 的 htdocs 文件夹创建一个名为 xiake 的项目文件夹。在这个文件夹中创建一个 CSS 文件夹用来存放项目的.css 文件,创建一个 js 文件夹用来存放项目的.js 文件,创建一个 img 文件夹用来存放项目的图片素材。将之前解压得到的 kindeditor 复制,然后放置其中,此时项目的结构如图 9-8 所示。

接下来在项目的根目录下创建一个名为 createinfo.php 的文件,作为内容发布页面,其代码如下:

名称　　　　　　　＾

- css
- img
- js
- kindeditor

图 9-8　项目的总体结构

```
<! doctype html>
<html>
<head>
    <meta charset="UTF-8" />
    <title>侠客信息发布系统</title>
    <link rel="stylesheet" href="kindeditor/themes/default/default.css" />
    <link rel="stylesheet" href="kindeditor/plugins/code/prettify.css" />
    <script charset="UTF-8" src="kindeditor/kindeditor.js"></script>
    <script charset="UTF-8" src="kindeditor/lang/zh_CN.js"></script>
    <script charset="UTF-8" src="kindeditor/plugins/code/prettify.js"></script>
</head>
<body>
    <div class="wrap">
        <div class="header">
            <h1>侠客信息发布系统</h1>
        </div>
        <form name="example" method="post" action="#">
        <table border="1">
            <tr>
                <td class="key">上传头像:</td>
                <td><textarea type="edit" name="pic"></textarea></td>
            </tr>
```

```
<tr>
    <td class="key">姓名:</td>
    <td><textarea type="edit" name="name"></textarea></td>
</tr>
<tr>
    <td class="key">年龄:</td>
    <td><textarea type="edit" name="age"></textarea></td>
</tr>
<tr>
    <td class="key">性别:</td>
    <td><textarea type="edit" name="sex"></textarea></td>
</tr>
<tr>
    <td class="key">所属门派:</td>
    <td><textarea type="edit" name="type"></textarea></td>
</tr>
<tr>
    <td class="key">掌握武功:</td>
    <td><textarea type="edit" name="skill"></textarea></td>
</tr>
<tr>
    <td colspan="2" class="col2">
    <input type="submit" id="btn" name="submit" value="发布" />
    </td>
</tr>
</table>
</form>
</div>
</body>
</html>
```

在以上代码中,我们为页面设计了基本的 HTML 结构,并且引入了 KindEditor 的几个核心资源文件。此时如果我们打开页面,看到的应该是如图 9-9 所示页面。

图 9-9　未激活 **KindEditor** 的内容发布页面

　　我们可以看到页面上并没有显示 KindEditor 独具特色的编辑框,别着急,我们还没有激活它呢! 接下来,在 js 文件夹下创建一个名为 createinfo.js 的文件,作用是激活 KindEditor。其代码如下:

```
Kind Editor.ready(function(K) {
    var editor1＝K.create('textarea[name="name"]', {
        cssPath：'kindeditor/plugins/code/prettify.css',
        uploadJson：'kindeditor/php/upload_json.php',
        fileManagerJson：'kindeditor/php/file_manager_json.php',
        allowFileManager：true,
        afterCreate：function() {
            var self＝this;
            K.ctrl(document,13,function() {
                self.sync();
                K('form[name＝example]')[0].submit();
            });
        }
    });
    var editor2＝K.create('textarea[name="age"]', {
        cssPath ：'kindeditor/plugins/code/prettify.css',
        uploadJson：'kindeditor/php/upload_json.php',
        fileManagerJson：'kindeditor/php/file_manager_json.php',
        allowFileManager：true,
        afterCreate：function() {
            var self＝this;
            K.ctrl(document,13,function() {
```

```
                self.sync();
                K('form[name=example]')[1].submit();
            });
        }
    });
    var editor3=K.create('textarea[name="sex"]', {
        cssPath: 'kindeditor/plugins/code/prettify.css',
        uploadJson: 'kindeditor/php/upload_json.php',
        fileManagerJson: 'kindeditor/php/file_manager_json.php',
        allowFileManager: true,
        afterCreate: function() {
            var self=this;
            K.ctrl(document,13,function() {
                self.sync();
                K('form[name=example]')[2].submit();
            });
        }
    });
    var editor4=K.create('textarea[name="type"]', {
        cssPath : 'kindeditor/plugins/code/prettify.css',
        uploadJson: 'kindeditor/php/upload_json.php',
        fileManagerJson: 'kindeditor/php/file_manager_json.php',
        allowFileManager: true,
        afterCreate: function() {
            var self=this;
            K.ctrl(document,13,function() {
                self.sync();
                K('form[name=example]')[3].submit();
            });
        }
    });
    var editor5=K.create('textarea[name="skill"]', {
        cssPath : 'kindeditor/plugins/code/prettify.css',
        uploadJson: 'kindeditor/php/upload_json.php',
        fileManagerJson: 'kindeditor/php/file_manager_json.php',
        allowFileManager: true,
        afterCreate: function() {
            var self=this;
            K.ctrl(document,13,function() {
```

```
            self.sync();
            K('form[name=example]')[4].submit();
        });
    }
});
var editor6=K.create('textarea[name="pic"]',{
    cssPath：'kindeditor/plugins/code/prettify.css',
    uploadJson：'kindeditor/php/upload_json.php',
    fileManagerJson：'kindeditor/php/file_manager_json.php',
    allowFileManager：true,
    afterCreate：function(){
        var self=this;
        K.ctrl(document,13,function(){
            self.sync();
            K('form[name=example]')[5].submit();
        });
    }
});
prettyPrint();
});
```

在 createinfo.php 文件中引入 createinfo.js，代码如下：

```
<script type="text/javascript" src="./js/createinfo.js"></script>
```

此时我们刷新页面看到的效果应该如图 9-10 所示。

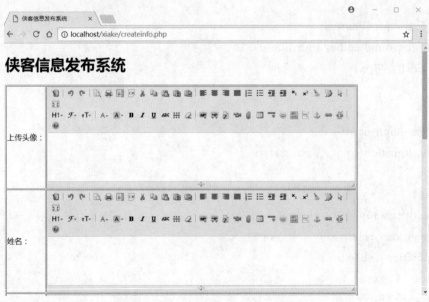

图 9-10　激活了 KindEditor 的内容发布页面

　　是不是总感觉还是缺少了点什么？没错，我们还可以为页面添加一点样式，也就是我们熟悉的 CSS 代码。在 css 文件夹中创建一个名为 createinfo.css 的文件，负责内容发布页面的样式。代码如下：

```css
body{
    background-image：url(../img/bg.png);
}
.wrap{
    width：813px;
    margin：0 auto;
}
.header{
    text-align：center;
}
textarea{
    width:700px;
    height:200px;
    visibility:hidden;
}
#btn{
    width：250px;
    height：50px;
    font-size：25px;
}
.key{
    text-align：center;
    background-color：lightblue;
    width：90px;
}
.col2{
    text-align：center;
    background-color：lightgreen;
}
.hwrap{
    width：330px;
    position：relative;
    position：absolute;
    top：10px;
    right：10px;
}
```

```
.hspan{
    display：inline-block；
    position：absolute；
    top：20px；
    left：30px；
}
.headera{
    display：inline-block；
    width：80px；
    height：60px；
    border-radius：20%；
    text-decoration：none；
    background-color：lightblue；
    line-height：60px；
    text-align：center；
    margin-left：10px；
    float：right；
}
```

从网上下载一张图片，作为内容发布页面的背景图，并放置在 img 文件夹中（读者可以自行从网上下载图片，注意图片的路径应保持一致）。将 createinfo.css 引入到 createinfo.php 页面中，代码如下：

＜link rel＝"stylesheet" type＝"text/css" href＝"./css/createinfo.css"＞

此时刷新页面，应该可以看到如图 9-11 所示的效果。

图 9-11　加了样式的内容发布页面

至此，内容发布页面已经实现了一半，还差关键的另一半，就是把侠客的信息收集起来并插入到数据库，收集的数据包括图片、文字、数字等。因此要给原本的 createinfo.php 添加 PHP 代码。下面将直接展示 createinfo.php 完整的代码，如图 9-12、图 9-13、图 9-14 所示。

```
1  <!doctype html>
2  <html>
3  <head>
4      <meta charset="utf-8" />
5      <title>侠客信息发布系统</title>
6      <link rel="stylesheet" href="kindeditor/themes/default/default.css" />
7      <link rel="stylesheet" href="kindeditor/plugins/code/prettify.css" />
8      <script charset="utf-8" src="kindeditor/kindeditor.js"></script>
9      <script charset="utf-8" src="kindeditor/lang/zh_CN.js"></script>
10     <script charset="utf-8" src="kindeditor/plugins/code/prettify.js"></script>
11     <script type="text/javascript" src="./js/createinfo.js"></script>
12     <link rel="stylesheet" type="text/css" href="./css/createinfo.css">
13 </head>
14 <body>
15     <?php
16         session_start();
17         if (isset($_SESSION["logined"]) && $_SESSION["logined"] == 'yes') {
18             echo '<div class="hwrap">';
19             echo '<span class="hspan">欢迎你, '.$_SESSION['loginid'].'!</span>';
20             echo '<a class="headera" href="./login.php?action=out">退出登录</a>';
21             echo '<a class="headera" href="../index/index.php">返回主页</a>';
22             echo '</div>';
23             echo '
24                 <div class="wrap">
25                     <div class="header">
26                         <h1>侠客信息发布系统</h1>
27                     </div>
28                     <form name="example" method="post" action="createinfo.php">
29                         <table border="1">
30                             <tr>
31                                 <td class="key">上传头像: </td>
32                                 <td><textarea type="edit" name="pic"></textarea></td>
33                             </tr>
34                             <tr>
35                                 <td class="key">姓名: </td>
36                                 <td><textarea type="edit" name="name"></textarea></td>
```

图 9-12　createinfo.php 文件代码(1)

```
37                             </tr>
38                             <tr>
39                                 <td class="key">年龄: </td>
40                                 <td><textarea type="edit" name="age"></textarea></td>
41                             </tr>
42                             <tr>
43                                 <td class="key">性别: </td>
44                                 <td><textarea type="edit" name="sex"></textarea></td>
45                             </tr>
46                             <tr>
47                                 <td class="key">所属门派: </td>
48                                 <td><textarea type="edit" name="type"></textarea></td>
49                             </tr>
50                             <tr>
51                                 <td class="key">掌握武功: </td>
52                                 <td><textarea type="edit" name="skill"></textarea></td>
53                             </tr>
54                             <tr>
55                                 <td colspan="2" class="col2">
56                                     <input type="submit" id="btn" name="submit" value="发布" />
57                                 </td>
58                             </tr>
59                         </table>
60                     </form>
61                 </div>
62             ';
63         }else{
64             header('Refresh:2,URL=login.html');
65             echo '请先登录！';
66             die;
67         }
68         if(isset($_POST['submit']))
69         {
70             $con = mysql_connect("localhost","root","root");
71             mysql_query("set names 'utf8'");
72             mysql_select_db("XIAKE", $con);
```

图 9-13　createinfo.php 文件代码(2)

```
73              $db_table="info";
74              $name=$_REQUEST['name'];
75              $age=$_REQUEST['age'];
76              $sex=$_REQUEST['sex'];
77              $type=$_REQUEST['type'];
78              $skill=$_REQUEST['skill'];
79              $pic=stripcslashes($_REQUEST['pic']);
80              preg_match('/<img.+src=\"?(.+\.(jpg|gif|bmp|bnp|png))\"?.+>/i',$pic,$match);
81              $picdir = $match[1];
82              $query=
83              "INSERT INTO " . $db_table . "(pic,name,age,sex,type,skill) VALUES ("
84              . "'" . $picdir . "',"
85              . "'" . $name . "',"
86              . "'" . $age . "',"
87              . "'" . $sex . "',"
88              . "'" . $type . "',"
89              . "'" . $skill . "')";
90              mysql_query($query)
91              or die("Invalid query: " . mysql_error());
92              echo '<script language="javascript">alert("发布成功!")</script>';
93          }
94      ?>
95  </body>
96  </html>
```

图 9-14   createinfo.php 文件代码(3)

至此,内容发布页面已经开发完毕。这样一来,任何人只要在地址栏中键入内容发布页面的 URL 地址,都可以进入侠客信息发布系统并发布信息。但是如果这个人根本就不是侠客呢?那发布的可就是"虚假"信息了,这可不是我们想要看到的。看来有必要给信息发布系统多设几道门槛,也就是我们一开始所提及的侠客需要先注册、登录,才可以发布信息。因此接下来就是注册、登录部分的开发。

在项目的根目录下创建一个 reg.html 文件,作为侠客的注册页面,代码如图 9-15 所示。

```
1  <!doctype html>
2      <head>
3          <meta charset="UTF-8">
4          <title>侠客注册系统</title>
5      </head>
6  <body>
7      <img src="./img/logo.png">
8      <div class="wrap">
9          <h1>侠客注册系统</h1>
10         <form action="reg.php" method="post" onsubmit="return checkvalue(this);">
11             <table cellpadding="5">
12                 <tr>
13                     <td style="text-align: right;"><label for="username">用户名: </label></td>
14                     <td style="text-align: left;">
15                         <input id="username" name="username" type="edit" />
16                     </td>
17                 </tr>
18                 <tr>
19                     <td style="text-align: right;"><label for="password">密码: </label></td>
20                     <td style="text-align: left;">
21                         <input id="password" name="password" type="password" />
22                     </td>
23                 </tr>
24                 <tr>
25                     <td style="text-align: right;"><label for="password">确认密码: </label></td>
26                     <td style="text-align: left;">
27                         <input id="repassword" name="repassword" type="password" />
28                     </td>
29                 </tr>
30                 <tr>
31                     <td colspan="2">
32                         <input id="btn" type="submit" value="注册" />
33                     </td>
34                 </tr>
35             </table>
36         </form>
37     </div>
38  </body>
39  </html>
```

图 9-15   reg.html 文件代码

其中,从网上下载了一张图片作为网页的 LOGO,并将图片存储在 img 文件夹下(读者可自行从网上下载，注意图片的路径要保持一致）。此时注册页面的效果应该如图 9-16 所示。

图 9-16　注册页面效果

接着为注册表单添加一层数据验证，在 js 文件夹中创建一个 reg.js 文件，代码如下：

```
function checkvalue(form)
{
    if(form.id.value=="")
    {
        alert('学号不能为空！');
        return false；
    }
    if(form.passwd.value=="")
    {
        alert('密码不能为空！');
        return false；
    }
    if(form.rpasswd.value=="")
    {
        alert('确认密码不能为空！');
        return false；
    }
    if(form.passwd.value! =form.rpasswd.value)
```

```
    {
        alert('两次输入密码不一致！');
        return false;
    }
}
```

将 reg.js 引入 reg.html 中，代码如下：

`<script type="text/javascript" src="./js/reg.js"></script>`

再为网页添加一点样式，在 css 文件夹中创建一个 reg.css 的文件，代码如下：

```
body{
    background-image：url(../img/bg.png);
}
img{
    margin：0 auto;
    display：block;
    border-radius：50%；
    width：150px;
    margin-top：30px;
    opacity：0.8;
}
.wrap{
    background-color：#FFF;
    opacity:0.5;
    border-radius:10px;
    text-align:center;
    height:340px;
    width:400px;
    border:solid#FFF;
    margin：0 auto;
    margin-top：50px;
}
#username{
    font-size:25px;
    width:250px;
    height:40px;
    border-radius:8px;
```

```
        outline：none；
        background-color：lightblue；
    }
    #password{
        font-size：25px；
        width：252px；
        height：40px；
        border-radius：8px；
        outline：none；
        background-color：lightblue；
    }
    #repassword{
        font-size：25px；
        width：252px；
        height：40px；
        border-radius：8px；
        outline：none；
        background-color：lightblue；
    }
    #btn{
        border-radius：8px；
        color：#FFF；
        background-color：#039；
        width：258px；
        font-size：30px；
        font-weight：bold；
        cursor：pointer；
        outline：none；
        margin-left：89px；
        margin-top：5px；
    }
    table{
        margin：0 auto；
    }
```

将 reg.css 引入 reg.html 页面中，代码如下：

<link rel="stylesheet" type="text/css" href="./css/reg.css">

此时刷新注册页面,应该看到图 9-17 所示的效果。

图 9-17　注册页面的最终效果

当侠客填写完表单信息,点击"注册"按钮后,表单的数据将通过 POST 方法,发送到 reg.php文件。因此在项目根目录下创建一个名为 reg.php 的文件,用于处理注册的相关逻辑,代码如下:

```php
<! doctype html>
<head>
    <meta charset="UTF-8">
    <title>注册验证</title>
</head>
<body>
    <? php
        $ username= $ _REQUEST['username'];
        $ password= $ _REQUEST['password'];
        $ con= mysql_connect("localhost","root","root");
        mysql_select_db("XIAKE", $ con);
        mysql_query("set names 'utf8'");
        $ result= mysql_query("SELECT * FROM user");
        $ sign=0;
        while( $ row= mysql_fetch_array( $ result))
        {
            if( $ row['username']== $ username){
```

```
                $sign=1;
            }
        }
        if($sign==1)
        {
            echo "用户名已存在！请更换用户名重新注册。";
            header('Refresh:1,URL=reg.html');
        }
        else
        {
            mysql_query(
            "INSERT INTO `user` VALUES ("
            ."'"
            .$username
            ."','"
            .$password
            ."'"
            .");"
            );
            echo"注册成功！正跳转至登录页面…";
            header('Refresh:1,URL=login.html');
        }
    ?>
    </body>
</html>
```

至此，注册部分已经实现，接下来是登录部分。首先在项目的根目录下创建一个 login. html 文件，作为侠客的登录页面，完整的代码如下：

```
<!doctype html>
    <head>
        <meta charset="UTF-8">
        <title>侠客登录系统</title>
        <link rel="stylesheet" type="text/css" href="./css/login.css">
    </head>
    <body>
        <img src="../img/logo2.png">
        <div class="wrap">
            <h1>侠客登录系统</h1>
            <form action="login.php" method="post">
            <table cellpadding="5">
```

```
            <tr>
                <td style="text-align：right；">
                    <label for="username">用户名：</label>
                </td>
                <td style="text-align：left；">
                    <input id="username" name="username" type="edit" />
                </td>
            </tr>
            <tr>
                <td style="text-align：right；">
                    <label for="password">密码：</label>
                </td>
                <td style="text-align：left；">
                    <input id="password" name="password" type="password" />
                </td>
            </tr>
        </table>
        <input id="btn" type="submit" value="登录" />
        </form>
        <a class="goreg" href="./reg.html">还没账号？请先注册</a>
    </div>
    </body>
</html>
```

和注册页面的开发流程相似，在 css 文件夹中创建 login.css 文件，代码如下：

```
body{
    background-image：url(../img/bg.png)；
}
img{
    margin：0 auto；
    display：block；
    border-radius：50%；
    width：150px；
    margin-top：30px；
    opacity：0.8；
}
.wrap{
    background-color：#FFF；
    opacity：0.5；
    border-radius：10px；
```

189

```
        text-align:center;
        height:340px;
        width:400px;
        border:solid #FFF;
        margin: 0 auto;
        margin-top: 50px;
    }
    #username{
        font-size:25px;
        width:250px;
        height:40px;
        border-radius:8px;
        outline: none;
        background-color: lightblue;
    }
    #password{
        font-size:25px;
        width:252px;
        height:40px;
        border-radius:8px;
        outline: none;
        background-color: lightblue;
    }
    #btn{
        border-radius: 8px;
        color: #FFF;
        background-color: #039;
        width: 258px;
        font-size: 30px;
        font-weight: bold;
        cursor: pointer;
        outline: none;
        margin-left: 71px;
        margin-top: 5px;
    }
    table{
        margin: 0 auto;
    }
    .goreg{
```

```
        text-decoration：none；
        margin-top：20px；
        margin-left：182px；
        display：block；
}
```

此时双击 login.html，应该看到图 9-18 所示的页面效果。

图 9-18　登录页面的最终效果

当侠客填写完登录界面的表单信息，表单的数据将通过 POST 方法发送至 login.php 文件。因此在项目的根目录下创建一个名为 login.php 的文件，代码如下：

```
＜！doctype html＞
＜head＞
    ＜meta charset="UTF-8"＞
    ＜title＞登录验证＜/title＞
＜/head＞
＜body＞
    ＜？php
        error_reporting(E_ALL~E_NOTICE)；
        if(isset($_GET['action']) && $_GET['action']=="out"){
        session_start()；
        unset($_SESSION['logined'])；
        unset($_SESSION['loginid'])；
        echo '注销成功！'；
        header('Refresh:1,URL=login.html')；
        exit；
        }
```

```php
$username=$_REQUEST['username'];
$password=$_REQUEST['password'];
$con=mysql_connect("localhost","root","root");
mysql_select_db("XIAKE",$con);
mysql_query("set names 'utf8'");
$result=mysql_query("SELECT * FROM user");
$sign=0;
$ifid=0;
while($row=mysql_fetch_array($result)){
    if($row['username']===$username){
        $ifid=1;
    }
    if($row['username']===$username && $row['password']===$password){
        $sign=1;
    }
}
if($ifid==0){
    echo "用户不存在,请先注册!";
    header('Refresh:1,URL=reg.html');
}
else{
    if($sign==1)
    {
        echo "登录成功! 页面1秒钟后会自动跳转";
        session_start();
        $_SESSION['logined']='yes';
        $_SESSION['loginid']=$username;
        header('Refresh:1,URL=createinfo.php');
    }
    else
    {
        echo "密码错误,请重新登录!";
        header('Refresh:1,URL=login.html');
    }
}
?>
</body>
</html>
```

至此,项目的注册、登录部分开发完毕。

9.3　门户页面的设计与实现

9.3.1　前端网页的框架设计

目前侠客们可以在系统中注册、登录，并发布个人信息。我们项目的愿景是任何人都可以通过访问项目的主页来浏览这些信息。如果浏览者对某个侠客感兴趣，还可以进一步查看其详细信息。因此对于项目的前端网页，其框架设计就显得十分清晰了，由一个主页（index.php）和一个详情页（info.php）构成。具体的设计是这样的：项目的主页主要展示侠客的大概信息，包括头像和姓名；而详情页展示侠客的详细信息，包括头像、姓名、性别、年龄、门派、武功。在主页，用户可以通过点击侠客的头像，页面自动跳转到展示对应侠客具体信息的页面上；在详情页，用户可以通过点击"返回主页"按钮，回到主页上。以上就是项目前端网页的框架设计的思路。接下来我们将结合具体的代码，完成项目的"最后一公里"。

9.3.2　生成前端网页内容的 PHP 编码

首先开发项目的主页。在项目的根目录下创建一个名为 index.php 的文件，index.php 这个文件名有一定的特殊作用，即当我们在浏览器地址栏输入项目的路径时，Apache 服务器会自动找到 index.php 文件并展示，从而达到主页的效果。index.php 的代码如图 9-19 所示。

```
1  <!doctype html>
2  <head>
3      <meta charset="UTF-8">
4      <title>信息门户和信息发布系统</title>
5      <link rel="stylesheet" type="text/css" href="./css/index.css">
6  </head>
7  <body>
8      <div class="wrap">
9          <div class="wraplg">
10             <img class="logo" src="./img/logo.png">
11             <span>侠客网</span>
12         </div>
13         <div class="wrapa">
14             <a href="./login.html">登录</a>
15             <a href="./reg.html">注册</a>
16             <a href="./createinfo.php">发布信息</a>
17         </div>
18         <div class="cardwrap">
19             <?php
20                 error_reporting(E_ALL^E_NOTICE);
21                 $con = mysql_connect("localhost","root","root");
22                 mysql_select_db("XIAKE", $con);
23                 mysql_query("set names 'utf8'");
24                 $rs = mysql_query("SELECT * FROM info",$con);
25                 if(mysql_affected_rows()){
26                     while($row = mysql_fetch_array($rs)){
27                         echo '<div class="card"><img class="imghover" src="'.$row['pic'].'"
                           onclick="javascript:window.location.href=\'info.php?name='.$row['name'].'\'"
                           />'.'<span>'.$row['name'].'</span></div>';
28                     }
29                 }else{
30                     echo "数据库暂无数据！";
31                 }
32             ?>
33             <div class="clear"></div>
34         </div>
35     </div>
36 </body>
37 </html>
```

图 9-19　信息门户（项目主页）的代码

其中，在 css 文件夹下创建了一个名为 index.css 的文件，代码如下：

body{

```
        background-image：url(../img/bg.png)；
    }
    .wrap{
        width：960px；
        margin：0 auto；
        text-align：center；
    }
    .card{
        width：210px；
        height：230px；
        text-align：center；
        float：left；
        margin：0 15px 15px 15px；
    }
    .cardwrap{
        width：740px；
        margin：0 auto；
    }
    .clear{
        clear：both；
    }
    .card img{
        border-radius：10%；
        border：1px solid ＃000；
    }
    .card img：hover{
        width：190px；
        box-shadow：5px 5px 3px ＃888888；
        cursor：pointer；
    }
    .card span{
        font-size：20px；
        margin-top：5px；
        display：block；
        background-color：lightblue；
```

```
        width：182px；
        margin-left：13px；
    }
.wrapa{
        width：300px；
        position：absolute；
        right：10px；
        top：15px；
    }
.wraplg{
        margin-right：100px；
    }
a{
        display：inline-block；
        width：80px；
        height：60px；
        border-radius：20％；
        text-decoration：none；
        background-color：lightblue；
        line-height：60px；
        text-align：center；
        margin-left：10px；
    }
.logo{
        margin：0 auto；
        display：inline-block；
        border-radius：50％；
        width：95px；
    }
.wraplg span{
        font-weight：bold；
        font-size：60px；
        position：relative；
        top：－30px；
        left：20px；
    }
```

此时,当我们访问主页时,可以看到图 9-20 所示的效果。

图 9-20   信息门户(项目主页)的界面

细心的读者会发现,怎么页面上显示数据库暂无数据啊?是不是代码哪里出错了?其实不然,我们的项目还没有侠客发布信息,自然也就没有数据可以展示。这时,我们不妨当一回侠客,试着来发布信息吧!接连当 6 回侠客,分别注册 6 个账号,登录账号进入到内容发布页面,并发布个人信息。再一次访问我们的主页,就可以看到如图 9-21 所示的页面。

图 9-21   各路大神纷纷加入本系统

　　第一眼看到这个页面,注意力会一下子被东方不败的头像给吸引过去,继而想了解更多关于东方不败的个人信息,因此接下来得开发一个侠客的详情页面。在项目的根目录下创建一个名为 info.php 的文件,用于从数据库检索侠客的详细信息,代码如图 9-22 所示。

```
1  <!doctype html>
2  <head>
3      <meta charset="UTF-8">
4      <title>侠客信息详情页</title>
5      <link rel="stylesheet" type="text/css" href="./css/info.css">
6  </head>
7  <body>
8      <h1>侠客信息详情页</h1>
9      <a href="./index.php">返回主页</a>
10     <?php
11         header("content-type:text/html; charset=utf-8");
12         $name = $_REQUEST['name'];
13         $con = mysql_connect("localhost","root","root");
14         mysql_query("set names 'utf8'");
15         mysql_select_db("XIAKE", $con);
16         $sql = "SELECT * FROM `info` WHERE `name` = '$name'";
17         $result = mysql_query($sql,$con);
18         if(mysql_affected_rows()){
19             echo "<table border='1' cellpadding='10' style='margin:0 auto;margin-top:50px;background-color:#fff;'>";
20             while($row = mysql_fetch_assoc($result)){
21                 echo
22                 '<tr><td>头像: </td><td><img src="'.$row['pic'].'" /></td></tr>'
23                 .'<tr><td>姓名: </td><td>'.$row['name'].'</td></tr>'
24                 .'<tr><td>年龄: </td><td>'.$row['age'].'</td></tr>'
25                 .'<tr><td>性别: </td><td>'.$row['sex'].'</td></tr>'
26                 .'<tr><td>所属门派: </td><td>'.$row['type'].'</td></tr>'
27                 .'<tr><td>掌握武功: </td><td>'.$row['skill'].'</td></tr>';
28             }
29             echo "</table>";
30         }else{
31             echo "数据库暂无数据! ";
32         }
33     ?>
34 </body>
35 </html>
```

图 9-22　info.php 文件代码

　　此时,点击东方不败的头像时,页面会跳转到 info.php,并展示如图 9-23 所示东方不败的详情页面。

图 9-23　东方不败的信息详情页

　　点击左上角的“返回主页”按钮,我们又可以浏览其他侠客的信息。至此,“信息门户与信息发布系统”项目基本上完成了。如果读者想要让系统的功能更加丰富或者界面更加美观,完全可以尽情发挥自己的想象力,开发出属于自己的侠客网。